ARBEITSGEMEINSCHAFT FÜR FORSCHUNG
DES LANDES NORDRHEIN-WESTFALEN

NATUR-, INGENIEUR- UND GESELLSCHAFTSWISSENSCHAFTEN

164. SITZUNG
AM 8. NOVEMBER 1967
IN DÜSSELDORF

ARBEITSGEMEINSCHAFT FÜR FORSCHUNG
DES LANDES NORDRHEIN-WESTFALEN

NATUR-, INGENIEUR- UND GESELLSCHAFTSWISSENSCHAFTEN

HEFT 184

FREDERIK VAN DER BLIJ

Zahlentheorie in Vergangenheit und Zukunft

GEORGES PAPY

Der Einfluß der mathematischen Forschung
auf den Schulunterricht

HERAUSGEGEBEN
IM AUFTRAGE DES MINISTERPRÄSIDENTEN HEINZ KÜHN
VON STAATSSEKRETÄR PROFESSOR Dr. h. c. Dr. E. h. LEO BRANDT

FREDERIK VAN DER BLIJ

Zahlentheorie in Vergangenheit und Zukunft

GEORGES PAPY

Der Einfluß der mathematischen Forschung
auf den Schulunterricht

WESTDEUTSCHER VERLAG · KÖLN UND OPLADEN

ISBN 978-3-322-97944-5   ISBN 978-3-322-98509-5 (eBook)
DOI 10.1007/978-3-322-98509-5

© 1968 by Westdeutscher Verlag GmbH, Köln und Opladen

Gesamtherstellung: Westdeutscher Verlag GmbH

Inhalt

Frederik van der Blij, Utrecht

Zahlentheorie in Vergangenheit und Zukunft 7

Diskussionsbeiträge

Staatssekretär Professor Dr. h.c., Dr.-Ing. E.h. *Leo Brandt;* Professor Dr. rer. nat., Dr. sc. math. h.c. *Heinrich Behnke;* Professor Dr. phil. *Guido Hoheisel;* Professor Dr. *Frederik van der Blij* 23

Georges Papy, Brüssel

Der Einfluß der mathematischen Forschung auf den Schulunterricht 29

Diskussionsbeiträge

Staatssekretär Professor Dr. h.c., Dr.-Ing. E.h. *Leo Brandt;* Professor Dr. rer. nat., Dr. sc. math. h.c. *Heinrich Behnke;* Ltd. Ministerialrat *Carl Woeste;* Professor Dr. phil. *Walter Weizel;* Professor Dr.-Ing. *Eugen Flegler;* Oberstudienrat *Klaus Wigand;* Oberschulrat *Heinrich Gall* 39

Zahlentheorie in Vergangenheit und Zukunft

Von *Frederik van der Blij*, Utrecht

Am Anfang eines Vortrages vor einem würdigen wissenschaftlichen Kreise pflegt man zu versichern, daß man sich freut, dazu eingeladen zu sein. In dieser Lage bin ich aber heute nicht. Denn nur die Krankheit meines hochgeschätzten Kollegen Freudenthal hat es mit sich gebracht, daß ich heute vor Ihnen stehen darf. Aber ich darf versichern, daß es mir eine Ehre ist, ihn zu vertreten. Natürlich kann ich nicht sein Thema aufgreifen. Ich werde Ihnen auf eigene Weise etwas über die Mathematik und über einen Teil der mathematischen Forschung berichten. Nun hat man mir erklärt, daß hier nicht nur Fachgenossen, sondern auch Professoren der Physik und Naturwissenschaften, ja der Medizin anwesend sind. Ich werde mich bemühen, darauf Rücksicht zu nehmen.

In der reinen Mathematik benutzt man nur Papier und Bleistift. Aber auf welche Weise benutzt man sie? Es gelingt meistens den Mathematikern sehr schnell, die Dinge zu komplizieren und aus dem Gesichtskreis der nicht-mathematischen Hörer zu bringen. Ich werde mich bemühen, dem nicht zu folgen. Aber des Erfolges meiner Bemühungen bin ich keineswegs sicher.

Ich berichte aus der Zahlentheorie, meinem Arbeitsgebiet. Zunächst spreche ich über Primzahlen. Da werde ich zwei Probleme herausgreifen. Dann spreche ich über Gleichungen im Bereich der ganzen Zahlen. Hier wähle ich eine Dreiteilung. Darauf will ich noch etwas über die Zukunft, die weitere Entwicklung der Zahlentheorie bemerken. Schließlich – zu Anfang und Ende – sage ich noch ein wenig über die Anwendungen, insbesondere die physikalischen Anwendungen.

Das Thema, das Herr Freudenthal ausgewählt hatte, war ein Thema, das Mathematik und Physik betraf, nämlich das Raumproblem, genauer die Orientierung des Raumes in der Physik. Es ist also ein wichtiges Problem für alle Naturwissenschaftler.

Die Zahlentheorie aber ist nur ein Spiel. Man kann sagen: Sie ist nur ein Witz einiger Fachleute, die sehr einfache Fragen gestellt haben, diese dann nicht lösen konnten und sich nun jahrhundertelang mit denselben Fragen beschäftigten.

Welches sind die Probleme in der Zahlentheorie? Haben sie irgendwelche Beziehungen zur reellen Welt der Naturwissenschaften? Heute gibt es mehr und mehr einen Graben zwischen Mathematik und Naturwissenschaften. Die Mathematik ist die Königin in ihrem Bereich, aber zugleich auch eine Dienstmagd der Naturwissenschaften. Deshalb müssen Mathematik und Naturwissenschaften doch immer wieder zusammenarbeiten. Aber gerade in der Zahlentheorie findet man nicht viel von dieser Gemeinschaft. Nur in den sehr klassischen Perioden, wenn man z. B. an die pythagoreische Philosophie denkt, findet man vielleicht etwas von der Zahlentheorie in der Naturphilosophie und so in den Naturwissenschaften.

Und doch, es ist erst eine Woche her, daß ich in unserer Universität eingeladen war, an der Eröffnung eines neuen Instituts für Kernphysik teilzunehmen. Tritt man dort in den Kontrollraum, so wird es dem Zahlentheoretiker wohl zumute. Denn was sieht er? Nur digitale Rechenautomaten. Es sind nur ganze Zahlen, die herauskommen. Es wird alles diskret gemacht; nur mit ganzen Zahlen wird gerechnet. Das ist nur ein kleines Beispiel. Sie wissen alle, daß in vielen Teilen der Naturwissenschaften (zum Beispiel in der Theorie der Elementarteilchen) die Zahlentheorie wieder auf irgendeine Weise benutzt werden kann. Aber das ist schon Zukunftsmusik. Es ist noch zu früh, darüber zu sprechen.

Ein anderes Beispiel – das letzte der Einführung, aber es ist ein präzises Beispiel – ist die Theorie der Kettenlinie. Sie kennen das klassische Problem der Mathematik: Welche Kurve beschreibt genau die Form einer freihangenden Kette zwischen zwei Punkten A und B? Es ist ein diskretes Problem. Es gibt nur endlich viele Glieder. Aber so ist das Problem zu kompliziert. Wir studieren statt einer Kette besser ein homogenes Seil, etwas Kontinuierliches. Dann kann man die Differential- und Integralrechnung benutzen und dadurch die genaue Form formelmäßig angeben.

Aber wie rechnet man heutzutage diese Art Probleme numerisch aus? Man benutzt den Rechenautomaten und macht so ein Problem erst wieder diskret.

Es gab in der Anwendung der Mathematik auf die Physik eine Zeit, in der das Kontinuierliche sehr wesentlich war. Heutzutage kommt das Diskontinuierliche wieder zurück. Und das ist eine Aussicht für die Zahlentheoretiker, auch einmal noch etwas Nützliches leisten zu können. Aber im Augenblick ist dieser Gedanke nur ein Witz und kann nichts Nützliches bringen.

An die erste Stelle setze ich nun eine Betrachtung über Primzahlen. Das sind die nicht teilbaren Zahlen, also 2, 3, 5, 7, 11, 13, 17, 19, 23, ... Wie geht das weiter? Endet das oder ist die Folge dieser Zahlen endlos? Euklid hat nun schon bewiesen, daß es unendlich viele Primzahlen gibt. Dann ist die Frage nach der Anzahl der Primzahlen gelöst. Aber die Mathematiker sind mit dieser Antwort nicht zufrieden. Sie möchten z. B. wissen: Wenn ich irgendeine Menge A von ganzen Zahlen greife, wieviel Primzahlen sind dazwischen? Ist $N(A)$ die Anzahl der Elemente von A und $P(A)$ die Anzahl der Primzahlen von A, kann man dann etwas sagen über den Quotienten $N(A)/P(A)$? Wenn man nicht eine Menge mit besonderen Eigenschaften wählt, ist keine Aussage möglich. Denn man kann zum Beispiel nur Primzahlen in A wählen – dann ist der Quotient gleich eins – oder nur Nicht-Primzahlen wählen – dann ist der Quotient gleich null. Die Frage ist bisher nicht gut formuliert. Nur wenn man auf eine bestimmte Art die Menge A auswählt, hat die Frage einen Sinn. Damit man ein vernünftiges Problem bekommt, kann man für A die Menge der Zahlen $\{1, 2, 3, \ldots, x\}$ wählen. Dann ist $N(A) = x$. Wieviel ist jetzt $P(A)$, in diesem Falle schreibt man $\pi(x)$ statt $P(A)$. Man kann experimentieren. Dann bekommt man eine Tafel wie:

$$\left(\operatorname{li} x = \int_0^x \frac{1}{\log t} \, dt \right)$$

x	$\pi(x)$	$\operatorname{li}(x)$	$\dfrac{\pi(x)}{x}$	$\dfrac{\pi(x) \log x}{x}$	$\dfrac{\operatorname{li}(x)}{\pi(x)}$
10	4	6	0,400	0,921	0,67
10^2	25	30	0,250	1,151	0,83
10^3	168	178	0,168	0,930	0,94
10^4	1 229	1 246	0,123	1,037	0,98
10^5	9 592	9 630	0,096	1,104	0,993
10^6	78 498	78 628	0,079	1,083	0,998
10^7	664 579	664 918	0,066	1,071	0,9994
10^8	5 761 455	5 762 209	0,058	1,061	0,99986
10^9	50 847 534	50 849 235	0,051	1,054	0,99996
10^{10}	455 052 512	455 055 614	0,046	1,048	0,999993

Der Quotient wird ziemlich klein. Deshalb versuchen wir eine Multiplikation mit $^e\log x$. Jetzt kommt etwas Wunderbares heraus. Diese letzteren Zahlen haben einen Limes, und der ist gleich 1. Das ist beweisbar, aber nicht sehr einfach! Es ist der berühmte Primzahlsatz. Und noch immer sind die Mathematiker nicht zufrieden.

Die Differenz $\pi(x) - \dfrac{x}{\log x}$ ist nicht sehr groß. Es gibt die Vermutung[1], daß

$$\pi(x) - \int_0^x \frac{1}{\log t}\, dt \Big/ \sqrt{x} \cdot \log x$$

beschränkt bleibt. Aber das kann man bisher nicht beweisen. Es ist schon über ein Jahrhundert, daß man es vergeblich versucht hat. Dies ist das Problem der Abschätzung des Fehlergliedes in der Primzahlformel.

Was machen die Zahlentheoretiker jetzt? Sie versuchen, ein anderes Problem zu finden, das man lösen kann. Das ist der Unterschied zwischen reiner und angewandter Mathematik. Wenn ein reiner Mathematiker ein Problem nicht lösen kann, sucht er ein anderes Problem, das er zu lösen vermag und sagt: Ich habe doch etwas gefunden. Angewandte Mathematiker können nicht immer so vorgehen. Die Realitäten engen sie ein.

Wir suchen also ein anderes, doch analoges Problem. Man kennt schon, von der Schule her, Polynome. Und die Polynome kann man darstellen als Produkte von irreduziblen Polynomen, auch Primpolynome genannt. Das ist also etwas Analoges. Kann man Sätze beweisen über Primpolynome? Dazu sollen wir erst einmal überlegen, aus welchem Bereich wir die Koeffizienten gewählt haben? Wenn der Koeffizientenbereich der Körper der komplexen Zahlen ist, so ist jeder Polynom zerlegbar als ein Produkt von linearen Polynomen. Und im reellen Körper gibt es nur Primpolynomen mit Graden eins und zwei.

Wir wollen einen mehr interessanten Fall studieren. Deshalb wählen wir einen endlichen Körper als Koeffizientenbereich.

Was ist gemeint mit: ein endlicher Körper? Zum Beispiel kann man denken an die Menge der Reste, die man bekommt, wenn man die ganzen Zahlen durch eine feste Primzahl p teilt. Mit diesen Resten kann man addieren, multiplizieren, subtrahieren und dividieren wie mit gewöhnlichen Zahlen. Aber man hat jetzt ein System mit nur endlich vielen Elementen. Es gibt genau p verschiedene Reste.

Jetzt kommt die Frage: Wenn man auf vernünftige Weise eine Menge A von Polynomen auswählt, wie viele irreduziblen Polynomen sind darunter? Auf welche Weise soll man die Menge A auswählen? Im Falle von Polynomen mit Koeffizienten in einem endlichen Körper gibt es von jedem Grad nur endlich viele Polynome. Also können wir für die Menge A entweder die Menge aller Polynomen festen Grades wählen oder die Polynomen

---

[1] *E. Landau*, Vorlesungen über Zahlentheorie, II, Leipzig 1927.

mit Grad kleiner oder gleich einem festen M. Wir entscheiden uns für letzteres.

Und in diesem Falle kann man ziemlich einfach (leider würde es hier zu viel Zeit in Anspruch nehmen) die genaue Anzahl der irreduziblen Polynomen in A berechnen. Wenn man auf vernünftige Weise die Berechnung macht, bekommt man genau dieselben Formeln wie im Falle der gewöhnlichen Primzahlen[2]. Einen kleinen Unterschied gibt es. Im Falle der Primzahlen steckt $^e\!\log x$ in der Formel. Im neuen Fall ist es $^p\!\log x$, mit p gleich der Anzahl der Elemente des endlichen Körpers. Aber das Überraschende daran ist, daß man in diesem Falle das Fehlerglied genau angeben kann.

Die ganze Sache ist in diesem Falle eine Übungsaufgabe für Studenten im vierten Semester.

Wir hatten ein Problem über Primzahlen. Wir haben es nicht gelöst. Aber wir haben ein analoges Problem konstruiert, und das haben wir gelöst.

Ein zweites Problem der Primzahlen, worüber ich nur kurz berichte – denn die Zeit ist schon fortgeschritten –, ist auch ein klassisches Problem aus der Zahlentheorie. Wenn man die Primzahl 2 eine Ausnahmeprimzahl nennt, so sind alle anderen Primzahlen ungerade. Jede Summe zweier dieser Primzahlen ist also gerade. Aber ist auch jede gerade Zahl Summe zweier Primzahlen?

Dies ist wieder eine sehr klassische Aufgabe der Mathematik. Sie können in einem freien halben Stündchen versuchen, wie weit Sie kommen. Und wenn es Ihnen gelingen würde, ein Gegenbeispiel zu finden, dann hätten Sie den Zahlentheoretikern einen großen Dienst erwiesen. Alle Versuche, auch mit elektronischen Automaten, Gegenbeispiele aufzuspüren, sind bis heute gescheitert. Aber zu beweisen, daß jede ganze gerade Zahl die Summe von zwei Primzahlen ist, ist auch nicht gelungen.

Man hat etwas in dieser Richtung beweisen können, zum Beispiel, daß jede genügend große ungerade Zahl Summe von drei Primzahlen ist. Aber viel näher zum eigentlichen Problem ist man heute noch nicht gekommen[3].

Und das mag genügen über Primzahlen. Jetzt etwas über die Fermatsche Gleichung. Auch hier hat man ein einfach zu formulierendes, aber bis jetzt ungelöstes Problem. Wir fangen an mit dem Pythagoreischen Satz im rechtwinkligen Dreieck: $a^2 + b^2 = c^2$. Es gibt ganze Zahlen a, b, c, die diese

---

[2] Man findet Berechnungen dieser Art schon bei Dedekind.
[3] Vinogradov hat bewiesen, daß jede genügend große ungerade Zahl Summe von drei Primzahlen ist. Buchstab hat bewiesen, daß jede genügend große Zahl die Summe von zwei Zahlen ist, mit je weniger als fünf Primfaktoren. – *H. H. Ostmann*, Additive Zahlentheorie, Ergebnisse der Math. Neue Folge 11, Berlin 1956, insbesondere Kapitel 21.

Gleichung erfüllen, zum Beispiel $a = 3$, $b = 4$, $c = 5$; oder $a = 5$, $b = 12$, $c = 13$. Es gibt sogar unendlich viele Lösungen[4].

Jetzt nehmen wir die Gleichung $a^n + b^n = c^n$, mit $n > 2$.

Gibt es noch eine nicht triviale ganze Lösung? Fermat hat ausgesprochen, daß dies nicht der Fall sei. Man hat es heute bewiesen für alle $n < 1000$. Aber für den allgemeinen Fall kann man den Beweis nicht finden.

Arbeitet man heute noch an diesem Problem, und was macht man damit? Das hängt vom Mathematiker ab. Es gibt Mathematiker, die sagen: Wir wollen es wissen; wir versuchen es doch. Aber es gibt auch Mathematiker, die sagen: Wenn wir die Frage ganz allgemein betrachten, dann ist es ziemlich aussichtslos, die Antwort zu finden, und es lohnt nicht die Mühe, daran zu arbeiten; denn wenn es gelingen würde, zu beweisen, daß diese Gleichung keine Lösung hat, dann kommt irgendein anderer und fragt nach $a^n + 2 b^n = c^n$, und man kann wieder von vorn beginnen. Und so kann man immer neue Fragen stellen. Und dann kommt wieder ein anderer und schreibt drei oder fünf Summanden statt zwei, und es kommen immer wieder neue Fragen. Es lohnt sich kaum, dies nachzusehen. Das ist keine gute Mathematik.

Dann kommt ein kardinales Problem: Steckt hinter diesen Fragen etwas, was zur echten Mathematik gehört? Was für eine Art von Problem ist das? Wir können auch schreiben $\alpha^n + \beta^n = 1$, und jetzt sind α und β rationale Zahlen. Man kann im allgemeinen für irgendein Polynom in zwei Veränderlichen mit rationalen Koeffizienten fragen: Gibt es rationale Zahlen α und β, derart daß $f(\alpha, \beta) = 0$? Dann kommt die Geometrie in Frage. Die Gleichung $f(x, y) = 0$ definiert eine Kurve. Gibt es Punkte mit rationalen Koordinaten auf dieser Kurve? Und man fragt: Kann man etwas über eine Kurve sagen, damit es Punkte mit rationalen Punkten auf dieser Kurve gibt?

Wenn es gelingt, etwas Allgemeines über Kurven zu sagen – man sagt: Kurven dieser Art haben keine rationalen Punkte, und Kurven jener Art haben ziemlich viele rationale Punkte – dann hat man ein vernünftiges Problem. So hat man aus einem unvernünftigen Problem ein vernünftiges Problem gemacht. Dann soll man das vernünftige Problem lösen. Das gelingt bestimmt nicht allgemein, aber etwas kann man doch sagen.

Wenn man über rationale Punkte redet, so ist es immer erlaubt, die Kurve durch eine rationale Transformation in eine andere Kurve überzuführen. Die beiden Kurven nennt man birational äquivalent. Man hat eine gute Theorie über die birationalen Äquivalenzen von Kurven. Es gibt eine Invariante, das Geschlecht der Kurve. Gerade Linien, Kegelschnitte,

---

[4] *Hardy and Wright*, The Theory of Numbers, Oxford 1954³, Chapter XIII.

kubische Kurven mit einem Doppelpunkt haben das Geschlecht null. Und man kann beweisen, daß es auf diesen Kurven immer unendlich viele Punkte mit rationalen Koordinaten gibt. Das Problem ist also für Kurven mit Geschlecht null gelöst.

Kurven mit dem Geschlecht eins, zum Beispiel kubische Kurven ohne Doppelpunkt, sind schon etwas schwieriger, aber wenn man einen Punkt mit rationaler Koordinate auf der Kurve hat, kann man die Tangente in diesem Punkt ziehen und mit einer ganz elementaren Rechnung finden, daß der neue Schnittpunkt der Tangente mit der Kurve wieder rationale Koordinaten hat. In verschiedenen Fällen kann man auf diese Weise unendlich viele rationale Punkte auf der Kurve nachweisen. Auch für Kurven mit Geschlecht eins kann man also etwas aussagen. Überdies kann man eine schöne Theorie der doppeltperiodischen Funktionen aus der komplexen Analysis benutzen, um etwas mehr über die Kurven mit dem Geschlecht eins zu finden.

Wir kommen jetzt zum Fermatschen Problem zurück. Also $x^n + y^n - 1 = 0$ bestimmt eine Kurve. Welches ist das Geschlecht dieser Kurve im Falle $n > 2$? Darüber kann man etwas aussagen. Man kann hoffen, daß es an irgendeinem Tage gelingen wird, zu beweisen, daß auf einer Kurve mit einem Geschlecht > 2 nur endlich viele Punkte mit rationalen Koordinaten liegen. Das kann man hoffen; das kann man heute noch nicht beweisen. Man kann dieses Problem auch in der Theorie der Polynome einer Veränderlichen formulieren. In diesem Fall ist vor wenigen Jahren das Problem gelöst worden. Genauso wie es in der Primzahltheorie war, wenn man statt über Zahlen über Polynome redet, wird die Sache etwas einfacher. Das ist von dem russischen Mathematiker Manin, später auch von Grauert bewiesen worden[5].

Man kann auf einer solchen Kurve auch Punkte mit ganzzahligen Koordinaten suchen. Das ist etwas komplizierter. Ein klassischer Satz von Siegel[6] sagt schon, daß auf einer Kurve mit Geschlecht eins oder größer als eins nur endliche viele Punkte mit ganzzahligen Koordinaten liegen.

Jetzt haben wir die Ahnung, daß es vernünftiger ist, das allgemeine Problem zu studieren. Man soll vom Geschlecht der Kurve ausgehen. Es hat etwas zu tun mit den (ganzen) rationalen Punkten. Auf diese Weise sollte man das ganze Problem zu lösen versuchen.

[5] *I. Manin*, Beweis eines Analogons der Mordellschen Vermutung für algebraische Kurven über Funktionenkörper. Dokl. Akad. Nauk. S. S. S. R. 152 (1963), 1061–1063. – *H. Grauert*, Mordells Vermutung über rationale Punkte auf algebraische Kurven und Funktionenkörper. I.H.E.S. Publications mathématiques 25 (1965), 131–149.
[6] Eine historische Übersicht und die neuesten Resultate findet man z. B. in: *S. Lang*, Diophantine Geometry, New York 1962.

Ich möchte noch über eine andere Methode der Zahlentheorie berichten. Wenn man eine Gleichung $f(x, y, z) = 0$ in rationalen oder ganzen Zahlen zu lösen versucht, beschränkt man sich zuerst auf den Fall, in dem die Funktion f ein homogenes Polynom mit ganzen Koeffizienten ist. Dann genügt es, ganze Lösungen zu suchen. Wenn es eine ganze Lösung gibt, so hat auch die Kongruenz $f(x, y, z) \equiv 0 \pmod{p}$ eine Lösung. (Wir sagen $a \equiv 0 \pmod{p}$, wenn die Zahl p ein Teiler von der Zahl a ist.) Jetzt kann man fragen, ob die Kongruenz $f(x, y, z) \equiv 0 \pmod{p}$ für jede Primzahl p eine Lösung hat. Wenn dies nicht der Fall ist, kann auch die Gleichung in ganzen Zahlen keine Lösung haben. Statt nach Lösungen vom Kongruenz modulo p kann man auch fragen nach Lösungen im Körper der p-adischen Zahlen. Diese p-adischen Zahlen sind eine Komplettierung der rationalen Zahlen mit Bezug auf eine spezielle Primzahl p. Man kann größere Teile der Analysis der reellen Zahlen im p-adisch Fall übertragen.

In der Theorie der Gleichungen in rationalen Zahlen kann man in verschiedenen wichtigen Fällen nicht nur beweisen, daß, wenn es eine rationale Lösung gibt, es immer auch eine reelle und für jede p eine p-adische Lösung gibt, sondern auch, daß man aus der Existenz reeller und p-adischer Lösungen zur rationalen Lösung kommen kann.

Dies ist ein sehr nettes Prinzip, das man in erster Linie auf quadratische Formen angewendet hat. Nachher hat man gesehen, daß das Wesentliche nicht die quadratische Form war, sondern daß die orthogonale Gruppe dahinter war, die Bewegungsgruppe, die zur quadratischen Form gehört. Man hat in dieser Methode versucht, vom p-adischen in das Rationale überzugehen, nicht nur für die orthogonale Gruppe, sondern auch für andere Gruppen. Welche Gruppen? Natürlich andere Typen von Lieschen Gruppen – hier kommen die Lieschen Gruppen in die Zahlentheorie hinein. Man soll die ganze Klassifikation der Lieschen Gruppen benutzen, und dann kann man versuchen, für die Lieschen Gruppen ein analoges Prinzip zu beweisen, wie es hier für die orthogonale Gruppe und die quadratische Form formuliert ist[7].

Dies ist mehr oder weniger erledigt. Es gibt noch einige Schwierigkeiten bei einigen typischen Ausnahmegruppen in der Theorie der Lieschen Gruppen. Aber die Zahlentheorie der Lieschen Gruppen hat angefangen mit den orthogonalen Gruppen und ist heute weitergeschritten zu den

---

[7] *A. Weil*, Sur la formule de Siegel dans la théorie des groupes classiques, Acta Mathematica 113 (1965), 1–87. – *M. Kneser*, Semi-simple Algebraic Groups in Algebraic Numbertheory; edited by J. W. S. Cassels and A. Fröhlich, London 1967. Algebraic Groups and Discontinuous Subgroups, Proc. of Symposia on pure mathematics, vol. 9. Providence, 1966.

anderen Gruppen. Das, was alles hineinkommt, ist eine große Menge von „more general abstract nonsense". Also Kohomologietheorie, Diagramchasing und so weiter.

Man kann auch alle p-adische Körper mit dem reellen Körper auf die Art eines Produktes zu einem mathematischen Gebilde zusammenfassen.

Wenn man das bildet, hat man die Möglichkeit, die moderne Theorie der abstrakten topologischen Gruppen zu benutzen. Man benutzt dann auf eine ganz neue Weise die ganze Analysis, um Sätze in der Zahlentheorie zu beweisen. Immer hat die Zahlentheorie viel Analysis benützt. Man kann auch den Satz aussprechen, daß vieles von der Analysis, was seit einigen Jahrzehnten an unseren Universitäten gelehrt worden ist, aus der Zahlentheorie kommt. Die Probleme in der Zahlentheorie hatten solch einen großen Einfluß auf die Analysis – die Arbeiten von Landau usw. –, daß viele Probleme in den Anfänger-Vorlesungen der Analysis aus der Zahlentheorie kamen. Aber heutzutage haben wir eine neue Art von Anwendungen der Analysis in der Zahlentheorie. Jetzt ist es nicht die Analysis der reellen Zahlen, sondern die Analysis der Fourier-Theorie auf abstrakten Gruppen[8].

Das letzte Thema der diophantischen Gleichungen, auf das ich zu sprechen kommen will, ist ziemlich neu und handelt über eine ganz neue Methode in der Zahlentheorie.

Welches ist das Problem? Ich werde versuchen, es Ihnen klarzumachen, wobei ich wieder einige neue Tatsachen benutze, die ich Ihnen wieder nicht in Details klarmachen kann. Aber die Zeit drängt, und ich möchte doch versuchen, Ihnen auf irgendeine Weise eine Ahnung darüber zu vermitteln, wie die Mathematik, wie die Zahlentheorie heutzutage vorgeht, was für Probleme studiert werden – aber das ist nicht das Wichtigste in der Mathematik –, charakteristisch ist, was für Methoden benutzt werden. Ist es so, daß irgendein homogenes Polynom mit genügend vielen Veränderlichen immer eine nichttriviale Nullstelle hat? Wenn wir komplexe Zahlen nehmen, und ich nehme eine Form mit zwei Veränderlichen, so haben wir immer eine nichttriviale Nullstelle. Das ist der Satz, daß jedes Polynom eine komplexe Nullstelle hat. Mit Koeffizienten über einen anderen Körper ist das Problem sehr viel schwieriger. Nehmen wir die reellen Zahlen. So kann ich eine Form anschreiben, nämlich die Summe von Quadraten in 200 Veränderlichen, und es gibt keine triviale Nullstelle, denn die Summe von 200 Quadraten ist dann – und nur dann – gleich Null, wenn jedes der Quadrate Null ist.

---

[8] *S. Lang*, Algebraic Numbers, Reading, Mass. 1964. – *A. Weil*, Basic Number Theory, Grundlehren der Math. Wiss. Berlin 1967.

Es gibt noch viele andere Körper als den der komplexen und den der reellen Zahlen. Es gibt die endlichen Körper – ich habe schon davon gesprochen –, und man kann im Falle der endlichen Körper beweisen, daß eine Form vom Grad d, in mehr als d Veränderlichen, immer eine nichttriviale Nullstelle hat. Und im Falle der p-adischen Körper? Man hat bewiesen, daß eine Form vom Grad 2 in mehr als vier Veränderlichen immer eine nichttriviale Nullstelle hat. Man hat gefunden, daß eine Form vom Grad 3 in mehr als 9 Veränderlichen eine nichttriviale Nullstelle hat. Ebenso hat man bewiesen, daß eine Form vom Grad 5 in mehr als 25 Veränderlichen immer eine nichttriviale Nullstelle hat und eine Form vom Grad 7 in mehr als 49 Veränderlichen immer eine nichttriviale Nullstelle aufweist[9]. Man hat also die Vermutung, daß jede Form derart, daß die Anzahl der Veränderlichen größer ist als das Quadrat des Grades, immer eine nichttriviale Nullstelle hat.

Doch ist es nicht gelungen, diese Vermutung zu beweisen. Im Gegenteil! Vor einem Jahr hat man ein Gegenbeispiel gefunden, sogar ein recht einfaches Gegenbeispiel, eine Form mit 18 Veränderlichen vom Grad 4, die im Körper der 2-adische Zahlen keine triviale Nullstelle hat[10].

Aber im selben Jahr ist auch folgender Satz bewiesen: Jede Form vom Grad d, in mehr als d^2 Veränderlichen, hat in jedem p-adischen Körper eine nichttriviale Nullstelle, bis auf endlich viele Ausnahmeprimzahlen. Die Vermutung war also falsch. Aber sie war nur „ein wenig falsch". Es gab nur endlich viele Ausnahmen.

Das ganz Merkwürdige an dieser Sache ist der Beweis. Um dies zu beweisen, benutzten zwei amerikanische Mathematiker, die Herren Ax und Kochen[11], einen Satz folgender Art: Wenn man eine Vermutung in der Zahlentheorie in der Aussagenlogik erster Stufe formulieren kann, und wenn man dann einen Satz so formuliert beweisen kann – im Falle von Polynomen über einer Menge von Körpern –, so gilt der Satz auch in irgendeinem sehr großen Körper, den man als Ultraprodukt aller dieser Körper erhält. Und der Satz gilt im Ultraprodukt dann und nur dann, wenn er in allen konstituierenden Körpern bis auf endlich viele Ausnahmen gilt.

[9] $d = 2$: *H. Hasse*, J. für reine und angew. Math. 153 (1924), 113–130.
  $d = 3$: *D.J. Lewis*, Annals of Math. (2) 56 (1952), 473–478.
  $d = 5$: *B.J. Birch* and *D.J. Lewis*, J. Indian Math. Soc. 23 (1959), 11–31.
  $d = 7$ und 11: *R.R. Laxton* and *D.J. Lewis*, Theory of Numbers, Proc. of Symposia on pure Math. 8 (1965), 16–21.
[10] *G. Terjanian*, C. R. Acad. Sci. Paris Sér A–B 262 (1966) A. 612 Un contre-exemple à une conjecture d'Artin.
[11] *J. Ax* and *S. Kochen*, Diophantine Problems over Local Fields. Am. J. Math. 87 (1965), 605–630, 631–648. Annals of Math. 83 (1966), 437–456.

Die Vermutung über die Existenz nichttrivialer Nullstellen ist bewiesen für die Körper der rationalen Funktionen mit Koeffizienten in einem Primkörper. Deshalb gilt der Satz im Ultraprodukt aller Körper der rationalen Funktionen mit Koeffizienten im Primkörper. Dieses Ultraprodukt ist aber isomorph zum Ultraprodukt aller p-adischen Körper. Deshalb gilt der Satz im Ultraprodukt aller p-adischen Körper. Und deshalb gilt er in jedem p-adischen Körper bis auf endliche viele Ausnahmen.

Die ganzen Überlegungen stützen sich auf das Verhältnis der Theoreme im Ultraprodukt und in den verschiedenen Körpern. Und diese Beziehung wird mittels Methoden der mathematischen Logik geklärt. Also haben wir ein neues bisher ungewohntes Hilfsmittel in der Zahlentheorie: die mathematische Logik.

Ich glaube, daß man jetzt versuchen sollte, einen Blick in die Zukunft zu werfen. Doch bleibt dies eine schwierige Sache. Man hat es in science fiction auf viele Arten gemacht. Dann bekommt man Aussagen derart, daß es im Jahre 1978 einen ungeheuer großen Automaten irgendwo im Weltraum geben wird, in dem man die Supraleitung der Elektrizität für den Speicherapparat benutzen kann. Daß im Jahre 1990 die Automaten so weit sind, daß sie ein IQ von 150 haben – heute ist es noch etwas weniger. Daß im Jahre 2000 ... Aber Sie kennen alle diesen Typ von Vorhersagungen[12].

Ich möchte in dieser Weise auch versuchen, etwas über die Zukunft der Zahlentheorie zu sagen. Ich glaube, was man von der Zukunft in der Zahlentheorie sagen kann, ist, daß einige Fragen, die heute noch offen sind, vielleicht in 50 Jahren gelöst sein werden. Ich habe die Hoffnung, daß das Fermatsche Problem in etwa 50 Jahren so weit entwickelt ist, daß man beweisen kann, daß für alle Exponenten $n > 2$ nur endlich viele Lösungen möglich sind. Wenn man noch 50 Jahre hinzunimmt, so kann man vielleicht beweisen, daß es überhaupt keine Lösung gibt. Für den ersten Satz kann man die Geometrie vielleicht noch entsprechend benutzen. Für den zweiten schärferen Satz soll man die Logik benutzen und mit Hilfe der Logik zuerst versuchen, zu formulieren, welche endlich vielen Ausnahmen es geben kann. Etwas Analoges also wie im Falle der nichttrivialen Nullstellen homogener Polynome. Man hofft, etwas über die möglicherweise auftretenden Ausnahmeprimzahlen sagen zu können. Vielleicht ist dies schon in wenigen Jahren der Fall.

---

[12] *A.C. Clarke*, Profiles of the Future, London 1962. Rand Corporation, Delphi technique. Science Journal, October 1967.

Die Vermutung ist gefährlich – das versteht man –, aber in den letzten Monaten sind doch schon einige Sachen dieser Art durch Ax neu gefunden worden, und es gibt schon Resultate, die für gewisse Probleme etwas über die Menge der Ausnahme-Primzahlen sagen[13].

Kann man auch etwas sagen über die Zukunft des Problems, betreffend die Abschätzung der Anzahl von Primzahlen in einer Menge, sagen, insbesondere über das Problem des Fehlergliedes? Vielleicht ist es auch hier möglich, einige Hoffnungen zu hegen. Das Problem ist schon über 100 Jahre alt. Aber heutzutage, bei Anwendung der abstrakten Methoden, ist es möglich, dieses Problem auf eine andere Weise zu formulieren.

Das ist auch eine Methode in der Mathematik, daß man, wenn man ein Problem nicht lösen kann, es auf eine andere Weise formuliert. Man sagt: Dieses Problem, das ich nicht lösen kann, ist genau dasselbe wie dieses Problem, das ich jetzt noch nicht lösen kann. Doch habe ich dargestellt, daß beide äquivalent sind. Man hatte ursprünglich zwei verschiedene Probleme. Aber wenn das eine gelöst ist, dann ist auch das andere gelöst.

So hat man das Problem über die Abschätzung des Fehlergliedes so formuliert, daß es um das Definit sein von irgendeiner Distribution geht[14]. Auf diese Weise kommen die Operatorenrechnung und Funktionalanalyse, also Teile der abstrakten Analysis, zur Hilfe.

Das kann man auch im Falle der Polynome machen. Im Falle der irreduziblen Polynome hat man die Vermutung mit Hilfe der Abschätzung des Fehlergliedes bewiesen. Jetzt hat man eine solche abstrakte Formulierung gewonnen, daß man hoffen kann, weiterzukommen. Wann wird dies sein? In 30 Jahren? So wollen wir hoffen. Es können aber auch 50 Jahre sein.

Es gibt immer noch sehr viele Probleme, die so schwierig sind, daß wir heutzutage noch nichts damit anstellen können. Ein solches Problem ist vielleicht die Vermutung über die Summe von zwei Primzahlen. Ob die Konstante von Euler eine rationale Zahl ist – ich habe keine Ahnung, in welcher Zeit ein solches Problem gelöst werden kann. Heutzutage haben wir noch keine allgemeine Methode, um ein solches Problem zu bewältigen.

Es gibt noch sehr viel mehr Probleme in der Zahlentheorie, für die wir heute noch keine Methode haben. Ich habe versucht, etwas über diejenigen

---

[13] *James Ax*, Solving diophantine problems modulo every prime, Ann. of Math. 85 (1967), 161–183, *James Ax*, The Elementary Theory of Finite Fields. Erscheint demnächst.

[14] *A. Weil*, Sur les „formules explicites" de la théorie de nombres premiers. Comm. du sém. math. de l'université de Lund, tome suppl. 1952, dédié à Marcel Riesz.

Probleme zu berichten, bei denen man eine Methode sieht und so etwas voraussagen darf.

Ich glaube, daß jetzt die Zeit gekommen ist, sich wieder an die Physiker zu wenden. Wir haben in der Zahlentheorie gelernt, daß die ganze Mathematik – klassische Analysis, abstrakte Analysis, algebraische Geometrie, Liesche Gruppen, Logik und Algebra – benutzt werden kann, um ein ganz einfaches Problem über ganze Zahlen zu lösen. Sie kennen alle das Wort: Jeder Physiker kann in der Physik soviel Mathematik benutzen, wie er kennt. Ich glaube, das ist auch heute nicht nur ein Witz, sondern eine Wahrheit. Wenn wir in der Zahlentheorie sehen, daß so viele verschiedene Teile der Mathematik benutzt werden, um einige klassische Probleme zu lösen, dann ist dasselbe, glaube ich, auch in der Physik möglich.

Einige Beispiele nur, kurz angedeutet. Ich glaube, daß die Lieschen Gruppen, die heutzutage in der Theorie der Elementarteilchen schon sehr üblich sind, vielleicht noch sehr viel weiter in der Physik ausgenutzt werden können und daß dann auch die arithmetische Theorie der Lieschen Gruppen, die zahlentheoretische Seite, irgendeine Stelle in der Struktur der Elementarteilchen bekommen wird.

In der Mikrophysik hat man irgendeine Elementarlänge, also etwas Diskretes. Hat man auch in der Zeit so etwas? Wie soll man Geschwindigkeit in der Mikrophysik definieren? Verschiedene Mathematiker und Physiker haben kürzlich versucht, den p-adischen Körper zum Grundkörper einer Geometrie zu machen und mit diesem p-adischen Körper eine Geometrie zu treiben, die benutzt werden sollte, um die Physik, die ganze Mikrophysik, also die Geometrie im Atomkern, zu beschreiben[15]. Ich glaube, der Versuch ist nicht gelungen. Man kann doch einfach überlegen, ob so etwas möglich sein kann. In diesem Falle wäre in der Natur eine Primzahl ganz außerordentlich ausgezeichnet, nämlich diejenige, die zur Konstruktion der p-adischen Körper benutzt werden sollte. Und welche soll diese Primzahl sein? Vielleicht die Anzahl der Elementarteilchen im Weltall? Man könnte so auf die Eddingtonschen Spekulationen kommen. Aber ich glaube, daß die ganz abstrakten Ultraprodukte der p-adischen Zahlen und die nichtarchimedische Geometrie, die damit zusammenhängt, vielleicht besser in der Mikrophysik auf irgendeine Weise ein Hilfsmittel sein kann.

Und die letzte Anwendung. Es ist merkwürdig – Sie haben es in der Zahlentheorie gesehen –, daß die Logik hineinspielt, genauer der Aussage-

---

[15] *C. J. Everett* and *S. Ulam*, On some possibilities of generalizing the Lorentzgroup in the special relativity theory. J. of Combinatorial theory 1 (1966), 248–270.

kalkül. Es hat niemand in der Zahlentheorie erwartet, daß dieser Aussagekalkül die Möglichkeit liefern würde, einen zahlentheoretischen Satz zu beweisen und ein zahlentheoretisches Problem zu bewältigen. Und doch ist es geschehen. Es ist auch eine Möglichkeit in der Physik, daß diese mathematische Logik auf irgendeine Weise ins Blickfeld kommen kann und dadurch, wie wir hoffen, auch noch einige physikalische Probleme gelöst werden können. Die Zahlentheoretiker sind vorangegangen, aber die Zahlentheorie ist auch sehr viel einfacher als die Physik.

Summary

The theory of numbers is one of the oldest branches of mathematics. Starting from some classical problems in number theory one can compare different methods used in history and predict some possible lines of research in the near future.

Résumé

La théorie des nombres est une partie assez vieille de la mathématique. Il y a un grand nombre de méthodes utilisées en théorie des nombres. Parce qu'on a une histoire si riche on peut essayer d'extrapoler un peu et de faire quelques prédictions concernant les solutions des problèmes classiques de la théorie.

Diskussion

Staatssekretär Professor Dr. h. c., Dr.-Ing. E. h. Leo Brandt: Wir danken Herrn Professor van der Blij für seinen eindrucksvollen Vortrag. Anwesend sind vor allem Fachleute, doch auch zahlreiche Persönlichkeiten, die der Mathematik ferner stehen. Das ergibt ganz verschiedene Ansprüche für die Diskussion. Ich übergebe zunächst Herrn Professor Behnke das Wort, weil er genau übersieht, wer von den Anwesenden zur ersten oder zweiten Gruppe gehört. Außerdem wissen wir von ihm, daß er auch zu Nicht-Mathematikern sprechen kann.

Professor Dr. rer. nat., Dr. sc. math. h. c. Heinrich Behnke: Ich darf also zunächst mich an die Laien in der Mathematik wenden. Unter uns sind ja viele, die weder Mathematiker noch Physiker sind.

Die elementare Zahlentheorie ist etwas, wozu ein intelligenter Mensch völlig unvorbereitet im Gedankenspiel kommen kann. Geht man aber nur einen Schritt weiter in seinen Gedanken, so kommt man schon zu Problemen, die seit Jahrhunderten ungelöst im Raume stehen. Das tritt in anderen mathematischen Gebieten in dieser Kraßheit nicht auf. Nun darf ich die Nichtmathematiker auf einen ganz wesentlichen Punkt aller mathematischen Betrachtungen hinweisen. Unser Redner sprach von der Darstellung aller geraden Zahlen als Summe von 2 Primzahlen. Man kennt keine gerade Zahl, die nicht eine solche Zerlegung aufweist. Es nützt nichts, daß man etwa alle geraden Zahlen unter einer Trillion – etwa unter Zuhilfenahme von modernen Rechenautomaten und Schnelldruckern – so darstellt. Oberhalb von einer Trillion gibt es ja noch mehr gerade Zahlen als unterhalb. *Nichts* von der allgemeinen Aussage ist also durch diese riesige Rechnung bewiesen. Zum Beweise gehörte eine allgemeine Überlegung, die für *alle* geraden Zahlen zutrifft – *oder* aber die Angabe *einer einzigen* Zahl, die nicht so darstellbar ist. Dann ist die Vermutung falsch. Also nur in dem besonderen Fall, daß die Vermutung falsch ist und die *erste* gerade Zahl, die sich *nicht* als Summe von 2 Primzahlen darstellen läßt, im Bereiche der Rechenautomaten liegt, also weniger als etwa 30 Ziffern hat, können unsere modernen Automaten helfen. Aber was sind schon Zahlen mit nur 30 Ziffern? Das erinnert mich an eine Anekdote unseres großen Mathematikers David Hilbert. Der kam in den Novembertagen 1923 zu seinem Bankier, als der Dollar gerade einige Billion Mark wert war. Der Bankier klagte: „So geht es doch nicht weiter! Wo sollen wir hinkommen mit den Zahlen?" Darauf entgegnete Hilbert: „Aber was wollen Sie? Wir sind doch erst ganz am Anfang der Zahlenreihe."

Nun komme ich zum zweiten Punkt. Das ist die Fermatsche Vermutung. Von ihr hat unser Redner gesprochen. Sie sieht wie eine Spielerei aus. Es handelt sich um die Lösungen der Gleichung $X^n + Y^n = Z^n$ in ganzen rationalen Zahlen für $n > 2$. Für $n = 2$ gibt es bekanntlich unendlich viele Lösungen, z. B. das Tripel (3, 4, 5). Herr van der Blij wies darauf hin, daß für die anderen $n < 1000$ keine Lösungen vorhanden sind. Das sagt wiederum gar nichts. Und nun hat unglücklicherweise der große Fermat an den Rand in einem klassischen Werke geschrieben – der Autor ist mir entfallen ...

(*Professor van der Blij*: Diophant)

... Ja, Diophant–, daß er einen herrlichen Beweis für die Aussage habe: Für $n > 2$ gibt es keine Lösungen. Da aber auch längere Zeit nach Fermats Tod kein Beweis für diese Aussage bekannt wurde, setzte schließlich die französische Akademie der Wissenschaften einen Preis aus. Das hat ihr nur Unheil gebracht. Unübersehbar viele Lösungen gingen ein. Sie waren alle falsch. Bald lohnte sich die Mühe nicht mehr, alles durchzusehen. Durch formale Bedingungen wurde die Einsendung erschwert.

Dann ist in Deutschland von einem Mann namens Wolfkehl zu Beginn dieses Jahrhunderts ein Preis von 100000 kaiserliche Goldmark für die Lösung des Fermatschen Problems ausgesetzt worden. Die Zinsen bekam die Akademie der Wissenschaften in Göttingen. Sie übernahm dafür die Verpflichtung, die Arbeiten der Bewerber um diesen Preis durchzusehen. Das war ein böses Geschenk. Denn nun gingen die Lösungen ein, und wiederum kam nichts heraus. Die 100000 $\mathscr{M}$ sind noch nicht klein. Nach der Inflation und den beiden Währungsumstellungen sind es jetzt wieder etwa 10000 DM. Die Akademie macht sich wieder Sorge, wie sie die Einsendungen abwehren kann. Sie möchte, daß alle Fachzeitschriften bekanntgeben, daß nur gedruckte Einsendungen und dann erst nach einigen Jahren Abstand vom Erscheinen geprüft werden. Aber die Fachzeitschriften weigern sich, dies bekanntzugeben, denn dann würden sich die Fermatisten – so nennt man in Fachkreisen die Einsender von Lösungsversuchen zum Fermatschen Problem – noch mehr als bisher an die Redaktionen unserer mathematischen Zeitschriften wenden. Nun kommt es seit langem nicht mehr vor, daß ein Fachmann eine solche Einsendung sieht. Er weiß ja, welche berühmten Mathematiker an der Lösung gescheitert sind. Niemand aber will diese ungelenkigen und unbeholfenen Einsendungen der Laien gerne prüfen. Sie sehen ja auch immer ihre Fehler nicht ein, weil sie nie mathematisch zu denken gelernt haben. Mit Fermatisten gibt es immer langwierige, unerfreuliche und fruchtlose Diskussionen.

Neuerdings ist die Stiftung Volkswagenwerk eingeschaltet. Sie ist von einem in Göttingen abgewiesenen Fermatisten angegangen, den Wolfkehl-Preis wieder auf 100000 DM zu erhöhen. Ich bin um Stellungnahme gebeten, und damit komme ich zur Bewertung des Fermatschen Problems zurück. Begründet habe ich es so: Die Lösung des Fermatschen Problems als solche ist noch nicht interessant. Man kann eine unübersehbare Zahl ähnlicher Aufgaben stellen. Interessant wird es erst, wenn mit dem Beweis eine ganze Theorie sichtbar wird, die dann noch viele andere Aufhellungen bringen würde. Aber natürlich habe ich unter der Verantwortung gelitten, die ich mit dieser Stellungnahme auf mich nahm.

Dann bekam ich durch den Herausgeber der Jahresberichte, Herrn Prof. Benz in Bochum, die Kopie eines Briefes von Gauß. Ein Freund hatte ihm geschrieben: Lieber Gauß, Sie werden ja jetzt mit der Lösung des großen Fermatschen Problems beschäftigt sein. Gauß antwortete etwa: Nein, das stimmt nicht. Wenn ich dazu keine Theorie finde, so bemühe ich mich auch nicht darum. – So war ich von meiner Verantwortung befreit. Und nun hat Herr van der Blij noch einmal diese Auffassung bestätigt.

Nun kann ich keineswegs in meinen Ergänzungen so fortfahren. Denn weitere Probleme aus der Zahlentheorie, die der Vortragende hier streifte, sind sehr voraussetzungsvoll. Das hat er schon selbst betont. So nannte er als Hilfskraft der Zahlentheorie die Liesche Gruppentheorie. Und wie voraussetzungsvoll und wie modern diese Theorie ist, haben wir voriges Jahr durch den Vortrag von Herrn Dieudonné erfahren. Jedenfalls zeigte der Vortrag eindrucksvoll, daß die Zahlentheorie, wie einfach sie auch beginnt, sehr bald anspruchsvoller wird.

Professor Dr. phil. Guido Hoheisel: Eine kleine Bemerkung. Das Problem der Primzahlen ist doch deswegen so schwierig, weil die Primzahlen auf der einen Seite Eigenschaften haben, die auf der Multiplikativen aufbauen, während die ganzen Zahlen doch die additiven Gruppen beinhalten.

Könnte man – das ist ja die Grundlage der Schwierigkeit – das auch auf Ihre Lieschen Gruppen irgendwie andeutungsweise übertragen? Ich bin, weil ich zu alt bin, nicht mehr imstande, so etwas auch nur zu ahnen.

Professor Dr. Frederik van der Blij: Eine kleine Schlußbemerkung. Sie haben ganz recht, daß die Darstellung einer Zahl mittels der Addition ganz trivial ist. Jede Zahl kann man als Summe von „Einsen" gewinnen. Die Darstellung der Zahlen durch die Multiplikation ist viel schwieriger, denn man hat die unendlich vielen verschiedenen Primzahlen, die zu berücksichtigen sind. Im Primzahlsatz greift man auf die Menge der Zahlen 1, 2, 3, ... n zurück, also auf die Addition. Man fragt aber nach der Anzahl der Primzahlen. Das Zusammentreffen dieser beiden Strukturen, der Addition und der Multiplikation, verursacht das große Problem. Das ist dieselbe Situation wie bei dem anderen Problem, jede gerade Zahl als Summe von zwei Primzahlen darzustellen. Man sollte Primzahlen multiplizieren, nicht addieren. Beide Probleme liegen aber im Zusammenhang dieser beiden Strukturen.

Meine Vermutung ist – und das ist eine Vermutung, die vielleicht in fünf Jahren bestätigt werden kann – daß der Quotient x durch $\log x$, der bei der Anzahl der Primzahlen eine Rolle spielt, im wesentlichen zusammenhängt mit dem Haarschen Maß der additiven und der multiplikativen Gruppe. Das Haarsche Maß ist das Analogon zum Integral, definiert für lokal kompakte topologische Gruppen. Im Falle der additiven Gruppe ist dieses Maß durch dx bestimmt, im Falle der multiplikativen Gruppe durch $d \log x$. Man sieht dies schon an der klassischen Formel

$$\Gamma(a) = \int\limits_0^\infty e^{-x} x^a d \log x.$$

Wenn man Matrizen statt Zahlen wählt, so kann man solche Integrale auch definieren und berechnen. Dann stehen wir vor der analogen Frage. Die Lieschen Gruppen kann man repräsentieren durch Gruppen von Matrizen. In diesen Gruppen von Matrizen treten die Addition und die Multiplikation auf. Die größte Schwierigkeit bereitet es aber, daß Nullteiler vorkommen, und deshalb ist eine analoge Theorie im Matrizenringe komplizierter als im Falle eines Körpers. Vielleicht kann man durch Abänderungen des funktionentheoretischen Ansatzes und durch die Benutzung der Theorie der Distributionen doch Erfolge erzielen.

Ich möchte gern, da Sie über die Addition und die Multiplikation sprachen, dazu noch eine Bemerkung machen. Ich möchte nämlich bemerken – was ich bei meinem Vortrag vergessen habe –, daß das Problem der Darstellung gerader Zahlen durch Summen von zwei Primzahlen vielleicht etwas mit Statistik zu tun haben könnte. Man kann fragen – und man hat es auch in dieser Weise formuliert –, kann man, wenn man eine Teilmenge der ganzen Zahlen mit einer genügend großen Dichte auswählt, jede Zahl als Summe von zweien dieser ausgewählten Zahlen darstellen?

Auf diese Weise interpretiert, ist das Problem der Darstellung durch Summen von Primzahlen ein Problem über die Dichte der Primzahlen.

Staatssekretär Professor Dr. h. c., Dr.-Ing. E. h. Leo Brandt: Wenn ich recht sehe, kommen wir jetzt zu unserem zweiten Vortrag. Es wird Herr Professor Papy aus Brüssel über den Einfluß der mathematischen Forschung auf den Schulunterricht sprechen. Prof. Papy ist bekannt als ein Gelehrter, der mit sehr großer Energie für die Modernisierung des Schulunterrichts in der Mathematik eintritt. In vielen Ländern hat er über seine Ideen vorgetragen. Er hat ein sechsbändiges Werk unter dem Titel „mathématique moderne" verfaßt und wirbt in seinem Heimatlande gemeinsam mit seiner Frau, die unter dem Pseudonym „Frédérique" Schulbücher verfaßt, für die Realisierung dieser Ideen. Alljährlich vor Schulbeginn spricht er im belgischen Radio und wirbt bei den Eltern darum, daß die Schüler die Klassen mit dem mathematischen Unterricht seiner Art wählen. Ihm ist auch ein besonderes staatliches Institut unterstellt, in dem Lehrer nach seinen Prinzipien ausgebildet werden.

Der Einfluß der mathematischen Forschung auf den Schulunterricht

Von *Georges Papy*, Brüssel

Die mathematische Forschung bringt die Wissenschaft hervor. Der Unterricht verbreitet sie. Es hat keinen Zweck zu produzieren, wenn man nicht für die Verbreitung sorgt.

Die Geschichte hat gezeigt, daß die erzielten Resultate oft nicht den späteren Generationen übermittelt wurden.

In der Mathematik, wie auch auf wirtschaftlicher Ebene, entscheidet die Produktion nicht alles, denn die neuen Erkenntnisse bringen Probleme der Verbreitung.

Gibt es Verbraucher?

Zu wem passen die Produkte?

Wie soll man sie bekannt machen?

Die große Krise der 30er Jahre wurde als Krise der Überproduktion bezeichnet. Als die Menschen sich nicht ernähren konnten, glaubte man, das Problem dadurch zu lösen, daß man zerstörte. Wahrscheinlich ist das der geheime Wunsch gewisser Lehrer, die versuchen, die Wissenschaft, die sich jetzt entwickelt, ins Lächerliche zu ziehen, da sie sie geistig unterdrücken und in aller Ungetrübtheit fortfahren wollen, eine der Vergangenheit angehörende Wissenschaft zu lehren, die sie zu kennen glauben.

Die mathematische Forschung hat nur eine soziale Tragkraft über den Weg des Unterrichts. Sie ist solidarisch mit dem Unterricht und ihm auf allen Ebenen verpflichtet. Der Unterricht gibt der Forschung den Glanz und gibt sie an die Menschen weiter.

Bis vor kurzem waren die Anwendungen der Mathematik nur die Sache einer Minderheit von Personen, die in sicherlich wichtigen, aber doch begrenzten Gebieten, wie in der Physik, im Ingenieurwesen und etwa in den Wirtschafts- und Finanzbereichen, arbeiteten. Es war möglich, diese Benutzer der Mathematikwissenschaft bei denjenigen anzuwerben, die sich spontan von der Mathematik angezogen fühlen und von denen man seit 2000 Jahren behauptet, sie hätten eben das „mathematische Köpfchen". So wurde die Mathematik bis in die neuere Zeit hinein im wesentlichen als ein Kulturelement und als ein freies Spiel des Geistes unterrichtet.

Die Situation hat sich grundlegend geändert. Die Mathematik hat nach und nach alle Gebiete besetzt, wo das rationale Denken auftritt, und diese Gebiete werden immer zahlreicher. Wer hätte vor nunmehr 20 Jahren vorhersehen können, daß die algebraische Topologie in der Ökonometrie Anwendung finden würde und daß für die Bedürfnisse der wirtschaftlichen Theorien ein Theorem der Topologie von Lefschetz verallgemeinert werden würde?

Welcher Philologe hätte sich vor 20 Jahren vorstellen können, daß in den 60er Jahren eine Fakultät für mathematische Linguistik in Leningrad geschaffen werden würde? Und welcher Bibelforscher hätte vermuten können, daß die Echtheit der zuverlässigsten Texte von elektronischen Maschinen garantiert würde?

Der Gebrauch von großen Computern ist im Augenblick im Begriff, die Lebensweise der Gesellschaft tiefgreifend zu verändern, aber um Gebrauch und Grenzen zu verstehen, muß sich der Benutzer der ganzen neuen Mathematik, die unterschwellig da ist, bewußt werden. Die Gruppenphänomene spielen eine wesentliche Rolle in der modernen Welt, sei es in der Physik, in der Chemie oder in den Geisteswissenschaften, der Wirtschaftswissenschaft, der Soziologie, der Psychologie und Pädagogik. Sie gehen aus der Statistik und der Wahrscheinlichkeitsrechnung hervor.

Also ist es sehr gefährlich, statistische Resultate zu interpretieren, ohne über eine gute mathematische Grundlage zu verfügen, die deren Tragweite präzisiert.

Kurz, die Mathematik findet in allen Bereichen Eingang, und die Gesellschaft verlangt von uns heute, sie alle Jugendliche zu lehren, nicht mehr als Kulturelement oder ein Spiel des Geistes, sondern als Werkzeug, welches später in ihrem Beruf zu gebrauchen ist. Vermeiden wir es, zu kategorisch zu sein! Die augenblickliche Lage erlaubt es nicht, zu behaupten, daß alle Kinder von 12 Jahren, die sich heute auf Schulbänken befinden, später Mathematik in ihrem Beruf gebrauchen werden. Aber es ist absolut unmöglich, eine Diskriminierung vorzunehmen und in diesem Alter zu entscheiden, welche von ihnen Mathematik gebrauchen werden und welche noch ohne sie auskommen können. Es ist schwer, festzulegen, welches der zukünftige Beruf der 12jährigen Kinder sein wird, und selbst wenn wir es könnten, wären wir kaum viel weiter, weil es möglich ist, daß es sich um ein Gebiet handelt, das in der Zwischenzeit von der Mathematik durchdrungen sein wird.

Die Mathematik muß früh gelernt werden, ohne die Hilfe von äußerlichen Motivationen, die für das Kind noch nicht existieren oder ihm noch nicht zugänglich sind.

Die Schlußfolgerung ist klar: Die Mathematik dringt in alle Gebiete ein, und die Gesellschaft verlangt von uns, sie nicht mehr nur einer Minorität von Auserwählten zu erklären, sondern allen Jugendlichen, wie ein Werkzeug, das sie später wahrscheinlich nötig haben werden.

Die Gesellschaft stellt Forderungen, aber ist es möglich, der Forderung Genüge zu leisten? Hat man nicht seit 2000 Jahren gesagt, daß nur gewisse Geister fähig wären, die Mathematik zu verstehen? Eine solche Behauptung hat sich nicht so lange ohne einen Grund von Wahrheit halten können. Wir meinen, daß diese Annahme bis vor nicht allzu langer Zeit gültig war, aber daß sie heute aufgehört hat, es zu sein, aus mehreren Gründen, die wir jetzt näher untersuchen werden.

Wir haben weiter oben angedeutet, daß bis vor kurzem die Anwendung der Mathematik auf wichtige aber begrenzte Bereiche menschlichen Tuns und Denkens beschränkt war. Weder die Gesellschaft noch die Mathematik von früher stehen sich im Augenblick gegenüber.

Was seinerzeit wahr war, kann es glücklicherweise heute nicht mehr sein. In der Vergangenheit hat man sich kaum große pädagogische Mühe gemacht, um die Mathematik zu unterrichten. Kein sozialer Druck ermutigte dazu. Ich möchte hier nicht im Hinblick auf die Ausbildung des Geistes den eigentlichen Wert diskutieren, den der Unterricht des Lateinischen oder des Griechischen darstellt.

Aber da eine gewisse Kenntnis des Lateinischen und Griechischen gefordert war, um zu den zahlreichen Universitäten Zugang zu finden, hat man sich bemüht, den Wirkungsgrad des Lateinischen und des Griechischen zu erhöhen. Heute hat die wachsende Wichtigkeit der Mathematik überall in der Welt zu zahlreichen Forschungsarbeiten Anlaß gegeben, um eine Pädagogik zu schaffen, die der Psychologie der Kinder angemessener ist.

Bis jetzt war das wahre Aussehen, das die Mathematik im Unterricht der höheren Schulen hatte, eine wohl ergänzte, aber degradierte Form des Meisterwerks des Euklid.

Der Zugang zu der Mathematik von einst verlangte, daß man sie durchdringt, sich auf eine Welt von kalten und farblosen und – es ist wahr – ziemlich wenig variierten Formen beschränkt und Gefallen daran findet.

Die Geometrie bleibt in der neuen Mathematik fundamental, aber der Unterrichtende kann heute eine viel unterschiedlichere Menge von Situationen gültig mathematisieren, die somit unendlich mehr Chancen haben, Kinder zu interessieren.

Ich hege die größte Bewunderung für das Werk des Euklid, und ich bin immer irritiert gewesen, wenn ich in den besten Büchern der Geschichte der Mathematik diesen fast unausweichlichen Satz lese: Euklid war in keiner Hinsicht ein großer Mathematiker. Seine Rekonstruktion der Elementarmathematik seiner Zeit, in ein einziges Gebäude gefaßt, ist ein prächtiges und bewundernswürdiges Werk, das sicherlich ein großes mathematisches Talent und zahlreiche originelle Beiträge verlangt hat.

Wenn man sie nach der Seltenheit, mit der sie im Laufe der Geschichte vorkommen, beurteilt, stimmt es, daß die Mathematiker solche Synthesen nicht besonders zu lieben scheinen.

Das Werk des Euklid wurde lange Zeit als der Prototyp der streng wissenschaftlichen Darlegung betrachtet. Im Laufe der Jahrhunderte haben die geometrischen Intuitionen und die wissenschaftliche Strenge in den meisten Fällen ein gutes Paar gebildet. Es ist rührend, hierzu die wenigen Sätze zu lesen, die Cauchy an den Anfang seiner Darstellung über die Analysis stellt. Er sagt, sein Ehrgeiz sei es, sie genauso klar aufzubauen wie die Elemente des Euklid.

Eine der Schwierigkeiten des traditionellen Mathematikunterrichtes ist der Unterschied in der Strenge, die von Fall zu Fall gefordert wird. Es verlangt sehr viel Feinheit des Verständnisses, daß man sich unter gewissen Umständen damit zufriedengibt, an die Intuition zu appellieren, während man an anderen Stellen derselben Schriften viel strenger vorgeht.

Die soziale Umgebung, in der die Kinder von heute leben, ist von wissenschaftlichen Ideen durchsetzt, durch die sie – manchmal von Anfang an – den Zeitgenossen Euklids voraus sind.

So erlaubt ihnen das Stellenrechnen, mit dem sie ab 6 oder 7 Jahren vertraut gemacht werden, allmählich eine klarere und besser zu fassende Vorstellung von den reellen Zahlen zu bekommen, als es vor 2000 Jahren möglich war.

Der Unterricht muß diesem riesigen Fortschritt Rechnung tragen und darf sich nicht auf Situationen beschränken, die sich tatsächlich diesseits der Möglichkeiten der Schüler und ihrer spontanen Forderungen, die Strenge der Ausführungen betreffend, befinden.

Die Einwände, die die Schüler nicht begreifen, zu widerlegen, ist ein schwerer pädagogischer Fehler, von dem der traditionelle Unterricht nicht frei ist, wenn er allmählich anfängt, strenger werden zu wollen.

Vage Schlußfolgerungen als Beweise hinzustellen, wenn man an anderer Stelle eine viel strengere Genauigkeit fordert, ist ein ebenso schwerer pädagogischer Fehler, denn er verwirrt den Schüler und läßt ihn nicht verstehen, was letztlich eine mathematische Beweisführung ist.

Der traditionelle Unterricht, kapriziös, was die geforderte Strenge angeht, verliert nicht nur die Kinder, die unfähig sind, dem Unterricht zu folgen, sondern auch jene geistig und kritisch Begabtesten, die eigentlich Grund haben, nicht zu verstehen.

Erst gegen Mitte des 19. Jahrhunderts geschah das Drama der Entdeckung von Lücken sowohl vom logischen als vom axiomatischen Gesichtspunkt im Werke des Euklid. Das war der Anfang einer ungefähr ein Jahrhundert dauernden Krise, in der Strenge und Intuition sich gegenüberstanden und der schließlich die gegenwärtige Reform des mathematischen Unterrichts endlich ein Ende setzen wird.

Während der zweiten Hälfte des 19. Jahrhunderts hat die Menschheit in der Tat keine Darstellung der Elementargeometrie mehr, die von den zeitgenössischen Gelehrten als streng betrachtet wurde. Erst 1899 füllten die berühmten *Grundlagen* von Hilbert diese Lücke. Aber das Meisterwerk von Hilbert ist in keiner Weise ein Handbuch für den höheren Schulunterricht.

Noch während langer Jahre nach 1900 befand sich jeder, der Geometrie auf höherem Schulniveau unterrichten wollte, in der unausweichlichen Notwendigkeit, zur Intuition Zuflucht zu nehmen und in der Tat eine komplizierte und subtile Mischung von strenggehaltenen Passagen und tückischen Zufluchtnahmen zur Intuition zu präsentieren.

Das Buch „Geometrische Algebra" von Artin, das ungefähr ein halbes Jahrhundert nach den Grundlagen von Hilbert veröffentlicht wurde, erlaubt es, den ganzen bisher realisierten Fortschritt zu überschauen. Trotz unleugbarer pädagogischer Qualitäten ist dieses Werk nicht für Anfänger bestimmt, aber es war eine Quelle der Inspiration, die beträchtlich zu der Rekonstruktion des bei der gegenwärtigen Reform des Unterrichts unterschwelligen mathematischen Gebäudes beigetragen hat. Man müßte im übrigen die Beiträge von Choquet und Dieudonné zitieren, die, weit entfernt davon, im Gegensatz zueinander stehen, sich harmonisch ergänzen.

Die gegenwärtige Reform des Mathematikunterrichts muß nicht als Opposition zu Euklid, sondern als Huldigung an Euklid betrachtet werden. Sie beweist, was er in so hervorragender Weise verstanden und verwirklicht hatte: die pädagogische Notwendigkeit eines einheitlichen Rahmens und die vorrangige Bedeutung der ebenen Geometrie.

Das ästhetische Ziel des Euklid ist der Aufbau der Geometrie im Raum, aber er widmet sicherlich viel mehr Zeit der ebenen Geometrie.

Die ebenen Begriffe, die ebenen Figuren, die Kreise von Euler und Diagramme von Venn, und die vielfältigen Graphen haben in der heutigen Mathematik diesen Platz eingenommen.

Die gegenwärtige Reform übernimmt alle früheren Ergebnisse und stimmt mit dem Geist der Euklidschen Elemente überein.

Die größte Lehre der Geschichte der Wissenschaft ist vielleicht, daß diese, indem sie fortschreitet, nicht immer komplizierter wird. Die mathematische Forschung hat progressiv einheitliche und vereinfachende Begriffsbildungen hervorgebracht, die erlauben, fragmentarische und ursprünglich komplizierte Ergebnisse zu übergehen. Diese Begriffsbildungen sind die allereinfachsten, aber können für denjenigen, der die Dinge gelernt hat, indem er mehr oder weniger einer gewissen historischen Anordnung gefolgt ist, auf einer hohen Ebene der Abstraktion gelegen zu sein scheinen. Wir haben feststellen können, daß die heutigen fundamentalen mathematischen Begriffsbildungen sich in der Tat in einer vagen und unpräzisen Form im Wissen der Kinder befinden. Eines der wesentlichen modernen Unterrichtsprinzipien der Mathematik besteht darin, diese Begriffsbildungen zu verdeutlichen, indem man sie progressiv annähert. So senkt man erheblich das Niveau der Abstraktionen. Die affinierte, als Ergebnis vorliegende Begriffsbildung, selbst in abstrakter Form, behält psychologisch den familiären Charakter der Situationen, die zu ihrer Bildung geführt haben.

Indem man so verfährt, inspiriert man sich an der Pädagogik der Situationen, die wir Caleb Gattegno verdanken. Man stellt Kinder ausgewählten Situationen in einer solchen Weise gegenüber, daß sie durch ihre spontanen Reaktionen zu irgendeiner bedeutenden Begriffsbildung kommen.

Indem man so verfährt, gewöhnt man von vornherein die Schüler an den notwendigen Gang bei den Anwendungen: die Mathematisierung der Situationen.

Es ist natürlich schwierig, vorherzusehen, welches die Mathematik sein wird, die von den Schülern später in ihrem Beruf gebraucht werden wird. In der modernen Welt sind die Mutationen häufig. Viele Menschen müssen im Laufe ihres Lebens mehrere Male den Beruf wechseln, in jedem Falle aber die Technik in ihrem eigenen Beruf. Die Mathematik bildet hinsichtlich dieses Phänomens keine Ausnahme.

Dr. Pollak, der Direktor des Forschungszentrums der Bell-Gesellschaft, hat dargelegt, daß der traditionelle Hochschulunterricht in der sogenannten angewandten Mathematik in der Tat nur 5% der gegenwärtigen Bedürfnisse der Anwendungen der Mathematik deckt. Anstatt eine fertige Mathematik und Kurse für mathematische Rezepte zu geben, die sehr oft veraltet sein werden und in dem Augenblick, wo unsere Schüler das Erwachsenenalter erreicht haben, aufgegeben werden, ist es besser, ihnen das beizubringen, was am meisten Aussichten hat, dauerhaft zu bleiben, d. h. die großen Strukturen, die progressiv abgelöst und als Antriebselemente in der Konstruktion des Gebäudes verwandt werden.

Wir können nicht voraussehen, welche Situationen später mathematisiert werden, noch welche Mathematik im Hinblick darauf Verwendung finden wird, aber wir wissen, daß die Mathematisierung der Situationen fundamental bleiben wird. Es ist somit wesentlich, unsere Schüler von Anfang an an diesen wichtigen Schritt des Geistes zu gewöhnen.

Durch die aktive Mathematisation der Situationen ersetzt man übrigens das „learning" durch das „teaching". Das letzte Ziel der Unterrichtenden ist nicht zu lehren, sondern lernen zu lassen und zu lehren, *wie* man lernt.

Die vorbereitende Arbeit der augenblicklichen Reform hatte oft das Aussehen einer mathematischen Forschung, da es vor allem galt, das Gebäude wieder aufzubauen.

Es handelte sich sicher nicht um Entdeckung im eigentlichen Sinn, sondern eher um angewandte Mathematik.

Das zu lösende Problem bestand darin, die Elementarmathematik in einem einheitlichen Aufbau darzustellen, durch eine fortschrittliche Darstellung und – eine wesentliche pädagogische Bedingung – verständlich für die Schüler, für die sie bestimmt ist.

Durch ihre Natur selbst eignet sich die moderne Mathematik wunderbar für eine solche Absicht, wahrscheinlich weil sie eine Art interne Pädagogik einschließt, die ihre Tugenden für den Unterricht erklärt.

Eine der Schwierigkeiten des traditionellen Mathematikunterrichts und besonders der Anfänge der metrischen Geometrie rührt von der Tatsache her, daß man sich auf Anhieb in eine komplizierte Situation begibt. Das Kind hat Schwierigkeiten, die logischen Strukturen zu unterscheiden.

Die axiomatische Methode ist zeitweilig als die größte mathematische Entdeckung des 20. Jahrhunderts vorgestellt worden. Sie ist es in der Tat, die für die moderne Pädagogik eine Schlüssellösung bietet.

Es ist wichtig, daß wir uns hier gut verstehen. Es gibt verschiedene axiomatische Methoden und verschiedene Arten axiomatischer Exposés. Die vollkommenste und die höchste unter ihnen ist das formelle axiomatische

Exposé, wo die Gegenstände nicht definiert sind und in der Theorie nur mittels der abstrakten Relationen, die durch die Axiome eingeführt wurden, eine Rolle spielen. Man muß sagen, daß es nicht dieser Typ von Exposé ist, der den Anfängern angemessen ist.

Man wird im Gegenteil den Gesichtspunkt des Physikers übernehmen, der in den besten Augenblicken Axiome formuliert, oft ohne es zu wissen.

Man betrachtet eine Situation, indem man sie idealisiert, um sie besser zu mathematisieren, und indem man anerkannte Aussagen herausstellt.

Bald handelt es sich um eine Erfahrungstatsache, bald um das Ergebnis einer Idealisierung oder einer Extrapolation schon vorhandener Kenntnisse. Bald werden diese Erkenntnisse ausgelöst durch unsere Gewohnheiten und die Frequenz von gewissen Situationen.

Diese Axiomatisierung ist bescheiden, demütig und progressiv.

Wir wissen am Anfang gut, daß wir nicht alles sagen. Was wir sagen, charakterisiert noch nicht die Situation, aber erlaubt, in einfachen logischen Zusammenhängen zu denken, in denen sich das Kind vollkommen zurechtfindet.

Man wird darauf achtgeben, eine intuitive Stütze zu schaffen, die diesen strengen Gesichtspunkten angemessen ist.

Man wird sich davor hüten, irre Modelle zu geben, die gewissen Teilaxiomatisierungen, auf die man zufällig gestoßen ist, entsprechen. Es ist wichtig, die wesentlichen intuitiven Modelle der Mathematik nicht zu deformieren.

Diese progressive axiomatische Methode, die im wesentlichen aus pädagogischen Gründen angenommen wurde, deckt sich im übrigen mit dem Geist der heutigen Mathematik.

Je mehr Erfahrungen wir mit sehr jungen Kindern machen, um so erstaunter sind wir über ihre Fähigkeit, in einfachen Situationen korrekt zu denken, wenn sie sie interessieren und wenn sie sich mit Schemata helfen können.

Die logischen Schwächen, die man im traditionellen Unterricht häufig den Schülern vorwirft, rühren oft von einer der vier folgenden äußeren Ursachen her:

1. Die Situation wird nicht beherrscht.
2. Die Situation ist zu kompliziert.
3. Die logische Struktur der Situation wird nicht deutlich.
4. Es fehlt das Motiv für die Schlußfolgerungen.

Es stimmt, daß die Darbietung gewisser Theoreme im traditionellen Unterricht die mathematische Beweisführung ins Lächerliche zieht, wenn sie sich abmüht, ein Ergebnis zu beweisen, das in den Augen der Schüler

„evident" ist, und zwar mit Hilfe von Argumenten, die ihnen viel weniger überzeugend zu sein scheinen ... und die gerade jene Strenge vermissen lassen, die an anderen Stellen verlangt wird.

In der modernen Pädagogik ist man darauf bedacht, die ersten Demonstrationen nur an Stellen einzuführen, wo das Ergebnis zweifelhaft ist. Wenn die Klasse im Hinblick auf eine Annahme geteilter Meinung ist, ist die Notwendigkeit der Demonstration sozial gesehen motiviert.

Die heutige Mathematik hebt die großen algebraischen, topologischen und, wie Choquet sagt, die sogenannten „carrefours"-Strukturen, das sind die „algebraisch-topologischen Strukturen", hervor.

Für die Mehrzahl der gegenwärtig lebenden Berufsmathematiker sind diese Strukturen, à posteriori, herausgelöst worden, aus einer früheren Mathematik, die sie illustrierten.

In der gegenwärtigen Pädagogik vermeidet man es, diese Strukturen als Luxus à posteriori, als eine Art von Spielen des Geistes, hervortreten zu lassen, die sicherlich erhellen, aber nicht unersetzlich sind.

Die Strukturen werden progressiv nach und nach eingeführt als Motor für die Konstruktion des Gebäudes.

Choquet hat diese Strukturen mit Maschinenwerkzeug der Mathematik bezeichnet, einer Mathematik, die das handwerkliche Stadium verlassen hat, um ihre industrielle Revolution durchzumachen. Es wäre abwegig, einen Vortrag durch das Aufzeigen solcher Strukturen zu schließen; der Erwerb einer Struktur muß ein Höhepunkt eines Vortrages sein, aber kein Schlußpunkt.

Wenn der Schüler sich bemüht hat, ein Maschinenwerkzeug zu beschaffen, so muß er sich durch Erfahrung davon überzeugen, daß er, indem er darüber verfügt, fähiger geworden ist und die Probleme, auf die es ihm vorher unmöglich war eine Antwort zu finden, lösen kann.

Dank der Bemühungen der mathematischen Forschung ist es heute möglich, diese Wissenschaft zugleich streng und auf intuitive Weise zu unterrichten, indem man von bekannten Situationen ausgeht und sich dabei auf die aktive Methode der Pädagogik der Situationen stützt.

Die große Krise des Mathematikunterrichts, die während eines Jahrhunderts Intuition und Strenge einander gegenübergestellt hat, gehört von jetzt ab der Vergangenheit an.

Dank der mathematischen Forschung und einer angemessenen Pädagogik hat der Unterricht das Gleichgewicht und die Harmonie wiedergefunden, die die unsterbliche Schönheit der Elemente des Euklid ausmachen.

Diskussion

Staatssekretär Professor Dr. h. c., Dr.-Ing. E. h. Leo Brandt: Gestatten Sie mir, daß ich im Anschluß an diesen eindrucksvollen Vortrag von Herrn Professor Papy einige tiefernste und vielleicht auch bittere Worte an Sie richte.

Wir haben heute unter uns einige sehr hochgestellte Persönlichkeiten des deutschen Geisteslebens. Dazu gehört der Herr Präsident der Deutschen Forschungsgemeinschaft, der vielleicht dazu aufgerufen ist, dem deutschen Volke einige Aufklärung zu geben über die Maßnahmen, die notwendig sind, wenn man die Folgerungen aus den Erkenntnissen zieht, die in dieser Stunde so überaus deutlich wurden. Dazu gehören die Rektoren einiger Universitäten unseres Landes, usw.

Der Vortragende hat in großen Umrissen skizziert, wie verbesserungswürdig unser mathematischer Schulunterricht ist. Er ist es, weil unsere Industriegesellschaft von jedem einzelnen mehr und mehr mathematisches Verständnis zur Ausübung seines Berufes verlangt. Und er ist es aus sozialen Gründen. Wir können uns zeitraubende Umwege beim Erlernen der geistigen Grundlagen für das Arbeiten und Leben in unserer Gesellschaft nicht mehr erlauben. Am wenigsten können dies die wirtschaftlich schwachen Kreise unseres Volkes. Natürlich ist dies ein Problem in allen Nationen. Der Herr Vortragende hat darauf hingewiesen, daß es in einzelnen Nationen – dazu gehören die USA und die Sowjetunion – sehr intensiv geprüft wird, wie mehr Mathematik in wirkungsvollster Weise der ganzen Jugend angeboten werden kann.

Und was ist nun das ungewöhnlich Bittere? Das muß man hier sagen dürfen. Praktisch ist es so, daß in Deutschland die öffentliche Meinung und ebenso die zuständigen Stellen kein großes Interesse daran bekunden, daß der Mathematik-Unterricht in den Schulen intensiviert sowie verbreitet und vertieft wird. Eine solche Verbesserung in großem Stile wäre möglich. Das zeigen manche Versuche in anderen Ländern, und dazu hat Prof. Papy grundsätzliche Ausführungen gemacht.

Wir haben zur Zeit in Deutschland einen Zustand im Mathematik-Unterricht, der – soweit ich es übersehen kann – viel schlechter ist als der am Ende des 19. Jahrhunderts. So scheint es mir, wenn ich etwa an den Unterricht denke, den mein Vater in Aachen erhielt. Wir haben jetzt viele Schulen, in denen infolge Mangels an Lehrkräften der Unterricht klassenweise ausfällt. In Niedersachsen gibt es in der Oberprima grundsätzlich nur noch freiwillig Mathematik-Unterricht.

Die Folge davon ist, daß z. B. der Besuch der Technischen Hochschulen von 13% der Abiturienten auf 9% zurückgefallen ist. Notwendig werden nämlich in vielen Fakultäten der Technischen Hochschulen viele mathematischen Kenntnisse gefordert. Niemand wagt, sich in diesen Fakultäten einschreiben zu lassen, der nicht geeignet vorbereitet ist. So ist in meiner Fakultät, der Bauingenieur-Fakultät in Aachen, die Zahl der Immatrikulanten im Herbst 1967 von 300 auf 130 zurückgegangen.

So etwas leisten wir uns in einer Zeit, in der die Mathematik immer mehr in alle Bereiche der Naturwissenschaften, der Technik, der Medizin, der Wirtschaftswissenschaften und noch vieler anderer Gebiete eindringt. Die jungen Leute neigen immer mehr dazu, etwa Soziologie zu studieren. Man hofft, dann später die Ingenieure und Mathematiker zu einem wesentlichen Teil durch Maschinen ersetzen zu können. Aber genauso wie man beim Übergang von der Postkutsche zur Eisenbahn nicht weniger sondern mehr Fachpersonal benötigte, weil das Interesse am Reisen noch stärker stieg, ist es auch bei den Rechen- und Datenverarbeitungsanlagen. Der Bedarf an Mathematikern ist entfernt nicht zu befriedigen.

Warum erkläre ich das jetzt hier? Weil meines Erachtens dies eine Frage des Überlebens des Volkes ist. Und ausgerechnet bei uns in Deutschland übersieht man an vielen entscheidenden Stellen die kardinale Wichtigkeit der Förderung des Nachwuchses an Mathematikern, Naturwissenschaftlern und Ingenieuren.

Ich weiß nicht, wie man das ändern kann. Ich habe nun in den nächsten Monaten die Aufgabe, mit einer Gruppe von Herren aus diesem Kreise vor bedeutenden Politikern über dieses Problem zu sprechen. Ob ich auf Verständnis stoßen werde, vermag ich nicht zu sagen.

Schließlich aber muß es uns gelingen, unser Volk davon zu überzeugen, daß in unserem Schulaufbau eine entscheidende Wendung notwendig ist. Es genügt nicht, dem Mathematik-Unterricht einige Stunden während der Schulzeit hinzuzufügen. Wir müssen vor allem den Anschluß wiederfinden zwischen Schule und Hochschule.

Ich habe das fatale Gefühl, daß wir im ersten Jahrzehnt dieses Jahrhunderts weit mehr bereit waren, für die Zukunft vorzubeugen als wir es jetzt sind. Das gilt auch für ganz andere Probleme, wie die Reaktivierung der Ruhrindustrie.

Aber einen der allergrößten Engpässe in bezug auf die Sorge um unsere Zukunft bildet die Ausbildung von genügend vielen und genügend qualifizierten Mathematiklehrern.

Es gibt zu wenige Studenten der Mathematik, und von den erfolgreichen unter ihnen gehen zu viele in die Industrie, die sie ja alle leicht aufnehmen kann. Und welche verlockenden Angebote gibt es von da, während es doch recht mühselig ist, der teilweise widerstrebenden Jugend täglich das mathematische Denken und Wissen beibringen zu müssen – und zwar ohne für die vielfach bedrückenden Bemühungen und die damit verbundene Verantwortung in eine entsprechende soziale Stellung zu gelangen.

Ich wollte doch einmal diese Gelegenheit ergreifen, um im Anschluß an die Ausführungen und den moralischen Appell des Vortragenden mit tiefstem Ernst darauf hinzuweisen, daß die Entscheidungen, die man in bezug auf den Mathematik-Unterricht auf der Schule und die Ausbildung und Betreuung der Mathematiklehrer trifft, für jede Nation von schicksalhafter Bedeutung sind. Die Mathematik durchdringt mehr und mehr das ganze Leben, und nur das Land bleibt leistungsstark, das entsprechend dieser Einsicht handelt.

Professor Dr. rer. nat., Dr. sc. math. h. c. Heinrich Behnke: Ich darf an Ihre Ausführungen anschließen, Herr Staatssekretär, und zunächst darauf hinweisen, daß wir in Münster in diesem Semester 470 Anfänger haben. Die Vorlesungen hält ein fähiger junger Dozent, der aber bisher noch nicht solche Anfängervorlesungen gehalten hat. Für die Übungen stehen ihm zwei Studienräte zur Seite, während wir vorher für halb so viele Studenten vier Studienräte hatten. Das ist, besonders wenn man bedenkt, daß die Abiturienten gerade zwei Kurzschuljahre hinter sich haben, eine viel zu geringe Betreuung.

Vor einigen Jahren habe ich publiziert, wie gering die Erfolgsquote der Studenten der Mathematik an den deutschen Universitäten ist; Münster schnitt dabei noch relativ gut ab. Wir haben im letzten Jahrzehnt in Münster die relativ und absolut größte Erfolgsquote unter den Studenten der Mathematik für das höhere Lehramt in Deutschland gehabt. Aber trotzdem werde ich nicht müde, darauf hinzuweisen, daß die Universitäten zu wenig für die Studenten tun, die Studienräte werden wollen. Es könnten mehr Studenten zur Schule zurückkehren, wenn die Professoren mehr Interesse daran hätten, Studienräte auszubilden. Immer nur die zweite Sorte der Studenten wird für die Schule ausgebildet. Die erste Sorte geht zur Industrie, zur Wirtschaft und in sonstige außerschulische Stellen. Diese Aufteilung geschieht durchaus nicht nur im Hinblick auf die zukünftigen finanziellen Aussichten im Beruf.

So materiell sind unsere Studenten nicht. Ein wesentlicher Grund liegt darin, daß die Professoren zu fachegoistisch sind. Ein Diplommathematiker ist ihnen lieber als ein Lehramtskandidat. Ein Gymnasiallehrer muß zwei Fächer haben. Er kann also nur eingeschränkt Mathematik studieren und wird deshalb in den einzelnen Fachinstituten weniger geachtet als der Diplomand. Sicher ist dies einer der Gründe dafür, daß die leistungsfähigen Studenten eher Diplommathematiker werden.

Ein anderer Grund für die geringe Zahl von Lehramtskandidaten liegt in der Überbeanspruchung aller unserer Studenten in den ersten beiden Semestern. Der Anschluß zwischen dem Schulunterricht und dem Unterricht in der Mathematik an der Universität fehlt völlig, weil bisher die Schule beim Modernisierungsprozeß in der Mathematik in zu geringem Maße mitgemacht hat und weil, wie wir hörten, in der Mathematik zu viel Schulunterricht dauernd ausfällt.

Als ich 1927 nach Münster kam, gab es, überall mit Abweichungen nach unten und oben – aber im Schnitt – pro Lehrstuhl der Mathematik gut 50 Lehramtskandidaten pro Jahr. Diese Zahl ist gewaltig gefallen und scheint weiter zu fallen, zum Schaden der höheren Schulen und damit auch zum Schaden der Universitäten.

Nun darf ich noch etwas Grundsätzliches über den Mathematik-Unterricht zur Erwägung stellen.

In diesem Kreise haben wir uns häufiger mit moderner Mathematik beschäftigt und auch Herrn Dieudonné hiergehabt, den Herr Papy zitierte und der in Frankreich der entschiedenste und radikalste Reformer des mathematischen Unterrichts aller Stufen ist. So ist es allen in diesem Kreise geläufig, daß sich die Mathematik in diesen Jahrzehnten stark verändert. Aber wo dadurch der planmäßige Unterricht verändert wird, gibt es laufend Schwierigkeiten. Auf der Schule liegen diese Schwierigkeiten weit mehr an den Lehrern als an den Schülern. Das muß man einmal verstanden haben: Kinder und ganz allgemein junge Menschen lernen viel leichter abstrakte Theorien als ältere Menschen, die umdenken müssen von anschaulicheren, inhaltlich mehr belasteten Theorien zu den neueren abstrakteren Gedankenwegen.

Da erinnere ich mich an ein ganz komisches Analogon. Sie wissen, daß einmal in unserem Kreise ein Amerikaner sich in einer Diskussion zur Ablösung der schwerfälligen amerikanischen Maße durch Maße in Dezimalsystemen, wie sie im kontinentalen Europa lange eingeführt sind, äußerte. Er sagte, daß dies immer noch nicht geschehen sei, läge allein an den Lehrern. Und hier sind alleine die Elementarlehrer gemeint; denn in der Wissenschaft benutzt man auch in Amerika unsere Maße. Er sagte, die

Kinder würden sofort in den neuen Maßen rechnen. Aber die Lehrer könnten sich nicht umstellen. Diese Situation ist ganz analog zu der Einstellung des Mathematik-Unterrichts auf den Gymnasien: Die Lehrer gehen mehr oder weniger schwer von ihren gewohnten Lehrplänen, Lehrbüchern und Examensaufgaben ab. Natürlich könnte das ein junger Assessor leicht tun. Um diese Beweglichkeit zu gewinnen, hat er ja studiert. Doch dieses Vermögen verliert er im Laufe seiner Dienstzeit wieder – und niemand hat das Recht, ihn deshalb zu verachten.

So versteht man, daß es vor allem in Frankreich und Belgien viele moderne Bücher gibt und auch in der deutschen Literatur viele Anregungen zur Modernisierung des Mathematik-Unterrichts vorliegen und doch die Reformen so langsam vorangehen. Es ist so, als wollte man auf der Eisenbahn eine neue Spurweite einführen. Wie lange zögen sich die Störungen des Verkehrs hin! Und dann sind da die Eltern: „Was, meine Kinder sollen die Mathematik anders lernen als ich? Das lasse ich mir nicht gefallen!" Diese Einstellung hat schon in dieser schönen Stadt vor den Wahlen – wenn man die Eltern besonders aufmerksam anhört – zu einer grotesken Situation geführt. Aber davon schweigt des Sängers Höflichkeit.

Natürlich muß man bei allen Reformen des Mathematik-Unterrichts stets bedenken, daß die Ansprüche an die Schüler in engen Grenzen bleiben müssen. Nur ein kleiner Bruchteil der Schüler studiert später Mathematik. Für die anderen bleibt sie immer nur Mittel zum Zweck, allerdings für einen immer mehr wachsenden Anteil ein entscheidendes Hilfsmittel. Und dann muß man auch die Problematik des Mathematik-Unterrichts an den Hochschulen beachten. Für die Physik ist die Mathematik tägliches Brot. Aber die im physikalischen Unterricht angewandte Mathematik modernisiert sich nicht so schnell. Die Kollegen von der Physik – abgesehen von einigen Theoretikern – denken natürlich nicht daran, in der Mathematik umzulernen. Sie haben auch recht. Sie können sich ja nicht ihr Handwerkszeug von uns vorschreiben lassen. Die Studenten sind infolgedessen konfrontiert mit zwei mathematischen Begriffssystemen. Viele Professoren nehmen in ihren Übungen darauf Rücksicht und erklären ein Wörterbuch zur Benutzung mathematischer Begriffe in der Physik. Aber eine Schwierigkeit ist hier grundsätzlich nicht auszuräumen. Und wiederum trägt auch diese Situation zur Verlängerung des Studiums bei. Früher ist in einer Diskussion hier einmal unwillig gerufen worden: „Die Professoren sollten sich endlich über ihre Lehre einigen, damit das Studium verkürzt würde." Ich würdige diesen Unwillen, aber zugleich muß ich sagen: „Glücklicherweise ist die Erfüllung dieser Forderung eine Utopie." Das würde ja eine Stagnation bedeuten.

Die freie Entwicklung der mathematischen Darstellung gibt uns viele Möglichkeiten. Zugleich aber legt sie uns allen, Professoren und Studenten, eine schwere Last auf. Ich empfinde sie vor allem in den Prüfungen, weil ich mich im Geiste immer auf den Professor einstellen muß, bei dem der Student diesen oder jenen Teil studiert hat. Im Einzelfall kann es unerträglich werden, weil der Eigenwille des Dozenten manchmal gar zu weit geht und eine Übersicht über seinen Aufbau der Vorlesung gelegentlich nur über die Examensantworten des Kandidaten zu erhalten ist. Dann wünschte ich in der Tat etwas mehr Disziplin unter uns und etwas weniger eitle Selbstbespiegelung durch gewollte Originalität. Die Hauptbelastung, die durch die uneingeschränkte Lehrfreiheit der Professoren entsteht, haben die Studenten zu tragen. Hierauf ist vor allem die lange Studiendauer in den Schulfächern zurückzuführen. Sie ist aus sozialen Gründen besonders schwer zu tragen.

Wir können nun in diesem Kreise und an diesem Abend bestimmt nicht zu einer Lösung kommen. Mir liegt nur daran, hier Verständnis dafür zu erwecken, daß der mathematische Unterricht aller Stufen modernisiert werden muß, daß aber diese Bestrebungen sich wiederum auch nicht unkontrolliert ausdehnen dürfen. Alles kommt auf eine glückliche Balance an.

Ltd. Ministerialrat Carl Woeste: Ich darf betonen, daß das Problem der Modernisierung des Mathematikunterrichts und der Mangel an Gymnasiallehrern mit der Lehrbefähigung in Mathematik den Herrn Kultusminister in den letzten Jahren mit großer Sorge erfüllen. In Besprechungen unter Leitung des Herrn Ministers bzw. des Herrn Staatssekretärs Prof. Dr. Lübbe ist über die Entwicklung in diesem Bereich und über den Ernst der Lage wiederholt diskutiert worden. Herr Prof. Dr. Behnke hat u. a. an einer der einschlägigen Sitzungen teilgenommen; es wurde damals über die Fragen diskutiert: „Wie bekommen wir mehr Mathematiker" und „Wie vermeiden wir, daß eine beachtliche Zahl von Studenten das Studium der Mathematik trotz offensichtlicher Eignung nach einigen Semestern abbricht".

Es erscheint wünschenswert, verstärkte Anstrengungen zu unternehmen, um die Zahl der beim Mathematikstudium Scheiternden zu verringern, insbesondere die mit dem Studienbeginn verbundenen Schwierigkeiten zu vermindern und nach Möglichkeit eine größere Zahl von Abiturienten für das Mathematikstudium zu gewinnen.

Insgesamt bieten sich 3 Bereiche an, in denen zusätzliche Hilfe gewährt werden könnte und sollte:
1. im Gymnasium vor der Reifeprüfung,

2. im Zeitraum zwischen der Reifeprüfung und dem Beginn des Studiums und
3. während des Studiums.

Ich muß mit Nachdruck betonen, daß das Problem in seiner ganzen Tragweite gesehen wird. Eine Frage lautet: „Was muß das Gymnasium den jungen Menschen mitgeben, damit ihnen der Einstieg auf der Universität gelingt?"

Es wird versucht werden, weitere Hilfen anzubieten, und ich glaube, wir sind hier auf einem erfolgversprechenden Wege.

Wenn Sie gestatten, darf ich noch hinzufügen, daß es im Land Nordrhein-Westfalen – und ich kann nur von diesem Lande sprechen – kein Gymnasium gibt, in dem in der Oberprima nicht planmäßig Mathematikunterricht erteilt wird. Es gibt keinen Schultyp, bei dem nicht in jeder Klasse Mathematik Fach mit schriftlichen Arbeiten wäre. Neben der *Mathematik* könnte nur das Fach Deutsch ranggleich genannt werden. 2 Fächer sind bei allen Schultypen Gegenstand der schriftlichen – und wo es erforderlich ist – auch Gegenstand der mündlichen Reifeprüfung: Deutsch und *Mathematik*.

Ich glaube, damit ist deutlich geworden, daß Mathematik als gymnasiales Unterrichtsfach im Fächerkanon des Gymnasiums einen breiten Raum einnimmt.

Auch wird z. Z. geprüft, welche Maßnahmen noch ergriffen werden können, um den Lehrermangel an den Gymnasien im Fach Mathematik zu mildern oder – falls möglich – zu beheben.

Professor Dr. phil. Walter Weizel: Die Frage, warum der Nachwuchs an Lehrern für höhere Schulen so gering ist, wurde nach allen möglichen Gesichtspunkten diskutiert. Aber ich glaube, daß bei diesen Diskussionen immer ein Hauptgesichtspunkt vergessen wurde, und zwar ist es ein psychologischer Gesichtspunkt.

Der Student muß sich im ersten oder spätestens im zweiten Semester dazu entschließen, Lehrer zu werden. Das ist aber der ungünstigste Zeitpunkt im ganzen Leben eines Menschen, diesen Entschluß zu fassen. Er hat eben die Schule verlassen und hat diese Schule leid – das ist eine natürliche Sache. Er ist froh, daß er von der höheren Schule weg ist und will jetzt etwas anderes. Nur in seltenen Fällen – er muß schon eine große pädagogische Lust und Begabung in sich spüren – wird er den Entschluß fassen, nach wenigen Jahren wieder zur Schule zurückzukehren.

Es ist klar, daß sich bei Fächern, wo es einen anderen Ausweg gibt, nämlich Naturwissenschaften, technische Fächer und Mathematik, nur wenige entschließen, schließlich doch Lehrer zu werden. In den Fächern, in denen es diesen Ausweg nicht gibt, ist die Situation natürlich besser.

Was kann man dagegen tun? Ich bin der Meinung, daß es nicht an der Bezahlung der Lehrer liegt, es liegt auch nicht an der sozialen Stellung, es liegt auch nicht am Philosophikum, obwohl das natürlich eine gewisse Schwierigkeit ist, sondern es liegt einfach an diesem psychologischen Grund.

Was kann man nun dagegen tun? Man müßte einfach erreichen, daß der Entschluß, Lehrer zu werden, auch noch etwas später gefaßt werden kann, sagen wir im siebten oder achten Semester. Vielleicht läßt sich erreichen, daß an Stelle des Staatsexamens das Diplomexamen anerkannt oder zumindest angerechnet wird. Dann wäre ein späterer Übergang zum Lehrerberuf noch möglich. Man könnte einen Teil derjenigen gewinnen, die sich zunächst nicht zum Lehrerberuf entschlossen haben.

Ich glaube, man muß bei allen Diskussionen dieses psychologische Faktum bei den jungen Studierenden berücksichtigen. Wenn man es nicht berücksichtigt, wird man wahrscheinlich keine wirksame Abhilfe schaffen.

Professor Dr. rer. nat., Dr. sc. math. h. c. Heinrich Behnke: Ich stimme Ihnen völlig zu, Herr Weizel, wie so häufig. Die psychologische Situation ist die, daß die jungen Studenten zunächst Wissenschaft kennenlernen wollen. Deshalb kommen sie zu uns, und sie haben leider die Schule meist satt. Aber die andere Behauptung, die Sie vorbringen, verstehe ich nicht. Der Student braucht sich ja gar nicht im zweiten Semester zu entscheiden, ob er Lehrer werden will. Das Philosophikum kann er ja auch am Ende des Studiums ablegen. Er braucht sich also etwa erst im achten Semester zu entschließen. Hat er inzwischen das Vordiplom erworben, so ist es nur um so besser.

Professor Dr. phil. Walter Weizel: Hier muß man wieder ein psychologisches Argument vorbringen.

Mehr und mehr organisiert sich das Studium in Studienplänen, die ausgearbeitet und mit Empfehlungen versehen werden. Diese Empfehlungen sind entweder auf die eine oder auf die andere Richtung ausgearbeitet. Den Studierenden fehlt – leider – ein wenig Mobilität. Wenn sie einmal etwas angefangen haben, neigen sie dazu, dabei zu bleiben. Aus demselben Grund wechselt der Student nicht gern den Hochschulort, ja nicht einmal die Wohnung. Sie wollen möglichst bei dem bleiben, was sie einmal angefangen haben, bis sie ihr Examen abgelegt haben.

Wenn man ermöglichen würde, daß der Student, wenn er sein Diplomexamen gemacht hat, noch Lehrer werden kann, ohne noch ein ganzes

Staatsexamen abzulegen, dann wäre das gut. Das könnte vielleicht die ganze Situation ändern.

Ltd. Ministerialrat Carl Woeste: Ich bin Ihnen, Herr Professor Weizel, für Ihren Vorschlag dankbar, weil er geeignet ist, die beabsichtigten Maßnahmen des Herrn Kultusministers noch zu unterstützen.

Vermutlich wird den Diplomierten die Auflage erteilt, während der Referendarzeit gewisse Gebiete des Begleitstudiums nachzuholen. In einigen anderen Bundesländern ist bereits eine Regelung zur Übernahme der o. a. Diplomierten getroffen worden.

Ich bin Ihnen auch außerordentlich dankbar dafür, daß Sie das Problem der Anerkennung des Diplom-Examens angeschnitten haben.

Herr Kultusminister Holthoff hat bereits Weisung gegeben, um die gesetzlichen Voraussetzungen dafür zu schaffen, daß das Diplom-Examen in den Fächern Mathematik, Physik, Chemie und Biologie als Eingangsexamen für die Referendarausbildung am Gymnasium anerkannt wird. Ich nehme an, daß eine vorläufige Regelung zur Übernahme der Diplomierten bereits zum Schuljahresbeginn 1968/69 getroffen werden kann. Auch diese Maßnahme wird zur Linderung des Lehrermangels beitragen.

Professor Dr.-Ing. Eugen Flegler: Meine Bemerkungen beziehen sich auf die Sorge, daß die heutige Form des Mathematik-Unterrichts manche Schüler nicht nur für die Mathematik wenig begeistert, sondern sie auch davor zurückschrecken läßt, sich für einen Beruf zu entscheiden, der im zugehörigen Hochschulstudium als wesentlichen Bestandteil Mathematik-Vorlesungen aufweist, wie dies z. B. bei den ingenieurwissenschaftlichen Studiengängen der Fall ist. Darunter leiden die Ingenieurberufe im besonderen Maße, weil erfahrungsgemäß die Lehrer an höheren Schulen, auch im Bereich der Mathematik und der Naturwissenschaften, selbst nur unzureichende Vorstellungen von diesen Berufen haben. Es wäre dringend zu wünschen, daß die Mathematiklehrer an den höheren Schulen in Zukunft mehr Schüler für die Mathematik begeistern und dadurch helfen könnten, einer größeren Anzahl als bisher die Wege zu den Ingenieurberufen zu ebnen.

Oberstudienrat Klaus Wigand: Es ist das Problem angesprochen worden, wie wir die jungen Leute auf der Schule für die Mathematik interessieren und begeistern können.

Ich will jetzt einmal von den persönlichen Dingen absehen, daß der Lehrer von sich aus ein Mann ist, der das tun kann. Welche anderen Möglichkeiten gibt es? Ich will einige erwähnen, die in den Nachbarstaaten praktiziert werden. Bekannt sind in den Oststaaten zum Beispiel die Mathematik-Olympiaden. Mathematische Wettbewerbe sind früher schon in Ungarn durchgeführt worden; neuerdings seit ein paar Jahren auch im benachbarten Holland, und zwar eine Runde im Mai und dann noch einmal eine Runde sozusagen nach dieser Ausscheidung im Oktober.

Ich darf noch einige weitere Beispiele anführen. Zunächst möchte ich sagen, daß durch diese Olympiade der etwas sportliche Geist, der in jedem Jungen steckt, geweckt wird, wodurch er zum Mitmachen veranlaßt wird.

Weitere Möglichkeiten: In Amerika gibt es von seiten der Mathematischen Gesellschaft ebenfalls große Wettbewerbe, bei denen Fragebogen verschickt werden, die von den Schülern der Schulen dann beantwortet zurückkommen.

Eine dritte Möglichkeit: Man schickt an die Schulen für die Schüler, *die sich dafür interessieren*, Aufgabenbogen. Diese müssen nach ein paar Monaten, nach zwei Monaten, gelöst zurückgeschickt werden. Es wird Sie vielleicht interessieren, daß mir neulich ein Kollege erzählte, daß in Süddeutschland etwas Ähnliches geplant ist. Man will Fragebogen an die interessierten Schüler schicken und erwartet dann ihre selbständige Lösung.

Eine weitere Möglichkeit ist die Schaffung einer mathematischen Schüler-Zeitschrift. Ich habe mich einmal bei dem Schriftleiter einer derartigen Zeitschrift erkundigt.

Ich will erwähnen, daß es in Mitteldeutschland eine solche gibt. Es gibt übrigens auch in Holland eine Zeitschrift, die schon länger besteht, „Pythagoras", die eine sehr große Abonnentenzahl hat. Seit dem 1. Januar dieses Jahres existiert in der „DDR" eine Schüler-Zeitschrift, die dort zu einem Preis abgegeben wird, zu dem kein westdeutscher Verlag sie herstellen könnte, nämlich 50 Pfennig, und sie ist 32 Seiten stark. Ich habe mich einmal umgehört – so etwas kann nur mit staatlicher Unterstützung geschehen –, wie es mit den Geldmitteln aussieht. Die Antworten waren praktisch, wie Sie sich denken können, negativ.

Es besteht auch die Möglichkeit, es so zu machen, wie es die Zeitschrift „Stern" gemacht hat. Sie veranstaltet ja dieses Preisausschreiben für Schüler: „Jugend forscht". Die guten Seiten eines solchen Unternehmens müssen wir begrüßen, aber es hat auch seine bedenklichen Seiten. Ich will Ihnen nur die Reaktion erklären, die oft eintritt, wenn ein solches Schreiben an die Schule kommt. Der Lehrer liest es dann und sagt: Nein, Propaganda für die Zeitschrift machen wir nicht, und das Ding fliegt in den Papierkorb. Ich meine, daß so etwas, weil es ja im allgemeinen Interesse liegt, auch von der Allgemeinheit gefördert werden soll.

Das sind Dinge, die man machen könnte. Die Schwierigkeit besteht nur darin: Wer soll es machen? Die Mathematik-Lehrer geben meist schon Stunden über ihr Soll und sind sehr belastet, so daß es also von *der* Seite aus wirklich sehr schwierig ist. Aber irgend etwas muß geschehen.

Professor Dr. phil. Walter Weizel: Ich möchte ein evtl. Mißverständnis ausräumen. Wenn ich sagte, daß der Abiturient die Schule satt habe, so meinte ich damit keineswegs, daß er sie deswegen satt habe, weil die Schule schlecht gewesen wäre. Er hätte sie genauso satt, wenn sie erstklassig gewesen wäre.

Es ist doch einfach so: Der Abiturient hat in neun Jahren die Schule hinter sich gebracht und beendet damit einen Lebensabschnitt. Die Schule ist für ihn das Symbol des Nichterwachsenseins, und er will nun erwachsen sein, wie die Schule auch immer gewesen sein möge. Er hat diesen Lebensabschnitt hinter sich gebracht und möchte nicht schleunigst in diesen Lebensabschnitt zurückkehren. Diese Gesichtspunkte sind zweifellos bei einer großen Anzahl von Abiturienten vorhanden. Sie könnten kaum gebessert werden, wenn die Schulen auch noch viel besser würden, als sie schon sind.

Meiner Meinung nach muß die Entscheidung in einen späteren Zeitpunkt gelegt werden, in dem dieses natürliche Ressentiment abgeklungen ist. Das geschieht im Laufe einiger Jahre, und der junge Mensch nimmt dann eine andere Stellung zur Schule ein; er hat Abstand gewonnen.

Es scheint mir hoffnungslos, zu versuchen, das Ressentiment gegen die Schule durch Änderungen innerhalb des Schulbetriebs zu mindern. Man sollte einfach abwarten, bis es auf natürliche Weise abgeklungen ist, was bei vielen wirklich von selbst eintreten wird.

Oberschulrat Heinrich Gall: Ich möchte darauf hinweisen, daß in unserem Lande sehr viel für die Modernisierung des mathematischen Unterrichts getan wird. Seit einigen Jahren finden für die Lehrer an höheren Schulen an vielen Orten in regelmäßigen Abständen Tagungen und Studienwochen statt, die von den Universitäten – besonders von der Universität Münster –, von der Landesstelle für den mathematischen und naturwissenschaftlichen Unterricht und vom Landesverband und von den Bezirksgruppen des Deutschen Vereins zur Förderung des mathematischen und naturwissenschaftlichen Unterrichts gestaltet werden und der Weiterbildung in moderner Mathematik dienen. Die Schulkollegien bei den Regierungspräsidenten in Düsseldorf und Münster veranstalten darüber hinaus für die Fachlehrer der Mathematik an Gymnasien halbtägige Lehrgänge, die unterrichtsmethodische Probleme der modernen Schulmathematik behandeln, und ebenso solche für Lehrer, die keine Lehrbefähigung in Mathematik haben und wegen des großen Mangels an Fachlehrern – hauptsächlich in der Unterstufe – eingesetzt werden müssen. Weiter werden noch methodische Anleitungen für den praktischen Unterricht herausgegeben. Insgesamt wird in unserem Land die Modernisierung des mathematischen Unterrichts sehr stark gefördert; im Rahmen der Bundesrepublik sind sogar von hier aus im Sinne des Vortrags von Herrn Professor Papy maßgebliche Impulse ausgegangen, vor allem vom mathematisch-didaktischen Seminar der Universität Münster unter der Leitung von Herrn Professor Behnke und seinem Mitarbeiter, Herrn Oberstudienrat Steiner.

VERÖFFENTLICHUNGEN DER ARBEITSGEMEINSCHAFT FÜR FORSCHUNG DES LANDES NORDRHEIN-WESTFALEN

Neuerscheinungen 1966 bis 1968

AGF-N Heft Nr.		NATUR-, INGENIEUR- UND GESELLSCHAFTSWISSENSCHAFTEN
153	*Victor F. Weisskopf*, Genf	Die Zukunft der Elementarteilchenforschung
	Willibald Jentschke, Hamburg	Das Deutsche Elektronen-Synchroton (DESY). Eigenschaften und Forschungsmöglichkeiten
154	*Karl Bungardt*, Clausthal–Krefeld	Entwicklung von Hochtemperaturlegierungen auf Kobalt- und Nickelbasis
	Franz Bollenrath, Aachen	Über Niobium, die Entwicklung und Anwendung von Nioblegierungen
155	*Carl Heinrich Dencker*, Bonn	Grenzen der Mechanisierung in der Landwirtschaft
	Hans Georg Kmoch, Bonn	Die Entwicklung der Futterproduktion in den Savannengebieten Afrikas
156	*Karl Kaup*, Düsseldorf	Wandlungen in der Eisenerzversorgung der Nachkriegszeit
	Hermann Schenck, Aachen	Gegenwärtige Forschungs- und Entwicklungsaufgaben der Eisen- und Stahlerzeugung
157	*Henri Cartan*, Paris	Über den Vorbereitungssatz von Weierstraß
	Friedrich Hirzebruch, Bonn	Elliptische Differentialoperatoren auf Mannigfaltigkeiten
158	*Giuseppe Gabrielli*, Turin	Aussichten der europäischen Flugzeugproduktion
	Karl Thalau, München	Entwicklung der Festigkeitsrechnung und Festigkeitsversuche im Flugzeugbau seit 1925
159	*Dorothy Crowfoot-Hodgkin*, Oxford	Die Röntgen-Strukturanalyse einiger biochemisch interessanter Moleküle
160	*Georg Wittig*, Heidelberg	Über at-Komplexe als reaktionslenkende Zwischenprodukte
	Ernst Klenk, Köln	Über die Chemie und Biologie der Ganglioside
161	*Maximilian Steiner*, Bonn	Flüchtige Amine in Pflanzen
	Helmut Zahn, Aachen	Über Insulin
162	*Hans Braun*, Bonn	Die Entwicklung des Chemischen Pflanzenschutzes und ihre Auswirkungen
	Otto Rudolf Klimmer, Bonn	Toxikologische Probleme im Chemischen Pflanzenschutz
163	*Rudolf Schulten*, Jülich	Die Bedeutung von Thoriumreaktoren für die Kerntechnik
	Wolf Häfele, Karlsruhe	Schnelle Brutreaktoren, ihr Prinzip, ihre Entwicklung und ihre Rolle in einer Energiewirtschaft
164	*Carl J. F. Böttcher*, Leiden (Niederlande)	Chemische Aspekte der Atherosklerose
	Max Schneider, Köln	Durchblutung und Sauerstoffversorgung des Gehirns
165	*Reimar Lüst*, Garching	Weltraumforschung in der Bundesrepublik und Europa
	Karl-Otto Kiepenheuer, Freiburg i. Br.	Sonnenforschung
166	*Amos de-Shalit*, Rehovoth (Israel)	Die naturwissenschaftliche Forschung in kleinen Ländern. Das Beispiel Israels
167	*Ernst Derra*, Düsseldorf	Die Herz- und Herzgefäßchirurgie im derzeitigen Stadium
	Franz Grosse-Brockhoff, Düsseldorf	Elektrotherapie von Herzerkrankungen

168	*Hans Hermes, Freiburg i. Br.*	Die Rolle der Logik beim Aufbau naturwissenschaftlicher Theorien
169	*Friedrich Mölbert, Hannover*	Wechselbeziehungen zwischen Biologie und Technik
	Dietrich Schneider, Seewiesen üb. Starnberg	Die Arbeitsweise tierischer Sinnesorgane im Vergleich zu technischen Meßgeräten
170	*John Flavell Coales, Cambridge (England)*	Automation und Computer in der Industrie
	Ludwig Pack, Münster	Raumzuordnung und Raumform von Büro- und Fabrikgebäuden
171	*Wilhelm Menke, Köln*	Die Struktur der Chloroplasten
	Achim Trebst, Göttingen	Zum Mechanismus der Photosynthese
172	*Heinrich Heesch, Hannover*	Reguläres Parkettierungsproblem
173	*Wilhelm Becker, Basel*	Das Milchstraßensystem als spiralförmiges Sternsystem
	Hans Haffner, Hamburg	Sternhaufen und Sternentwicklung
174	*Karl-Heinrich Bauer, Heidelberg*	Vom Krebsproblem – heute und morgen
	Richard Haas, Freiburg i. Br.	Virus und Krebs
175	*Karlheinz Althoff, Bonn*	Von 500 MeV zu 2500 MeV – Entwicklung der Hochenergiephysik in Bonn
	Theo Mayer-Kuckuk, Bonn	Kernstrukturuntersuchungen mit modernen Beschleunigern
176	*Michael Grewing, Jörg Pfleiderer und Wolfgang Priester, alle Bonn*	Nichtthermische kosmische Strahlungsquellen
177	*Otto Hachenberg, Bonn*	Betrachtungen zum Bau großer Radioteleskope
178	*Uichi Hashimoto, Tokyo*	Die Eisen- und Stahlindustrie in Japan
179	*Paul Klein, Mainz*	Humorale Mechanismen der immunbiologischen Abwehrleistungen
	Herbert Fischer, Freiburg i. Br.	Zelluläre Aspekte der Immunität
	Ernst Friedrich Pfeiffer, Ulm	Immunologische Aspekte der modernen Endokrinologie
180	*Benno Hess, Dortmund*	Probleme der Regulation zellulärer Prozesse
	Norbert Weissenfels, Bonn	Die Gewebezüchtung im Dienste der experimentellen Zellforschung
181	*Josef Meixner, Aachen*	Beziehungen zwischen Netzwerktheorie und Thermodynamik
	Friedrich Schlögl, Aachen	Informationstheorie und Thermodynamik irreversibler Prozesse
183	*Hermann Merxmüller, München*	Moderne Probleme der Pflanzensystematik
	Hans Mohr, Freiburg i. Br.	Die Steuerung der Entwicklung durch das Phytochromsystem
184	*Frederik van der Blij, Utrecht*	Zahlentheorie in Vergangenheit und Zukunft
	Georges Papy, Brüssel	Der Einfluß der mathematischen Forschung auf den Schulunterricht

AGF-WA WISSENSCHAFTLICHE ABHANDLUNGEN
Band Nr.

1	Wolfgang Priester, Hans-Gerhard Bennewitz und Peter Lengrüßer, Bonn	Radiobeobachtungen des ersten künstlichen Erdsatelliten
2	Joh. Leo Weisgerber, Bonn	Verschiebungen in der sprachlichen Einschätzung von Menschen und Sachen
3	Erich Meuthen, Marburg	Die letzten Jahre des Nikolaus von Kues
4	Hans-Georg Kirchhoff, Rommerskirchen	Die staatliche Sozialpolitik im Ruhrbergbau 1871–1914
5	Günther Jachmann, Köln	Der homerische Schiffskatalog und die Ilias
6	Peter Hartmann, Münster	Das Wort als Name (Struktur, Konstitution und Leistung der benennenden Bestimmung)
7	Anton Moortgat, Berlin	Archäologische Forschungen der Max-Freiherr-von-Oppenheim-Stiftung im nördlichen Mesopotamien 1956
8	Wolfgang Priester und Gerhard Hergenhahn, Bonn	Bahnbestimmung von Erdsatelliten aus Doppler-Effekt Messungen
9	Harry Westermann, Münster	Welche gesetzlichen Maßnahmen zur Luftreinhaltung und zur Verbesserung des Nachbarrechts sind erforderlich?
10	Hermann Conrad und Gerd Kleinheyer, Bonn	Vorträge über Recht und Staat von Carl Gottlieb Svarez (1746–1798)
11	Georg Schreiber †, Münster	Die Wochentage im Erlebnis der Ostkirche und des christlichen Abendlandes
12	Günther Bandmann, Bonn	Melancholie und Musik. Ikonographische Studien
13	Wilhelm Goerdt, Münster	Fragen der Philosophie. Ein Materialbeitrag zur Erforschung der Sowjetphilosophie im Spiegel der Zeitschrift „Voprosy Filosofii" 1947–1956
14	Anton Moortgat, Berlin	Tell Chuēra in Nordost-Syrien. Vorläufiger Bericht über die Grabung 1958
15	Gerd Dicke, Krefeld	Der Identitätsgedanke bei Feuerbach und Marx
16a	Helmut Gipper, Bonn, und Hans Schwarz, Münster	Bibliographisches Handbuch zur Sprachinhaltsforschung, Teil I. Schrifttum zur Sprachinhaltsforschung in alphabetischer Folge nach Verfassern – mit Besprechungen und Inhaltshinweisen (Erscheint in Lieferungen: bisher Bd. I, Lfg. 1–7; Lfg. 8–10)
17	Thea Buyken, Bonn	Das römische Recht in den Constitutionen von Melfi
18	Lee E. Farr, Brookhaven, Hugo Wilhelm Knipping, Köln, und William H. Lewis, New York	Nuklearmedizin in der Klinik. Symposion in Köln und Jülich unter besonderer Berücksichtigung der Krebs- und Kreislaufkrankheiten
19	Hans Schwippert, Düsseldorf, Volker Aschoff, Aachen, u. a.	Das Karl-Arnold-Haus. Haus der Wissenschaften der Arbeitsgemeinschaft für Forschung des Landes Nordrhein-Westfalen in Düsseldorf. Planungs- und Bauberichte (Herausgegeben von Leo Brandt, Düsseldorf)
20	Theodor Schieder, Köln	Das deutsche Kaiserreich von 1871 als Nationalstaat
21	Georg Schreiber †, Münster	Der Bergbau in Geschichte, Ethos und Sakralkultur
22	Max Braubach, Bonn	Die Geheimdiplomatie des Prinzen Eugen von Savoyen
23	Walter F. Schirmer, Bonn, und Ulrich Broich, Göttingen	Studien zum literarischen Patronat im England des 12. Jahrhunderts
24	Anton Moortgat, Berlin	Tell Chuēra in Nordost-Syrien. Vorläufiger Bericht über die dritte Grabungskampagne 1960
25	Margarete Newels, Bonn	Poetica de Aristoteles traducida de latin. Ilustrada y comentada por Juan Pablo Martir Rizo (erste kritische Ausgabe des spanischen Textes)
26	Vilho Niitemaa, Turku, Pentti Renvall, Helsinki, Erich Kunze, Helsinki, und Oscar Nikula, Åbo	Finnland – gestern und heute

27	*Ahasver von Brandt, Heidelberg,* *Paul Johansen, Hamburg,* *Hans van Werveke, Gent,* *Kjell Kumlien, Stockholm,* *Hermann Kellenbenz, Köln*	Die Deutsche Hanse als Mittler zwischen Ost und West
28	*Hermann Conrad, Gerd Kleinheyer,* *Thea Buyken und* *Martin Herold, Bonn*	Recht und Verfassung des Reiches in der Zeit Maria Theresias. Die Vorträge zum Unterricht des Erzherzogs Joseph im Natur- und Völkerrecht sowie im Deutschen Staats- und Lehnrecht
29	*Erich Dinkler, Heidelberg*	Das Apsismosaik von S. Apollinare in Classe
30	*Walther Hubatsch, Bonn,* *Bernhard Stasiewski, Bonn,* *Reinhard Wittram, Göttingen,* *Ludwig Petry, Mainz, und* *Erich Keyser, Marburg (Lahn)*	Deutsche Universitäten und Hochschulen im Osten
31	*Anton Moortgat, Berlin*	Tell Chuēra in Nordost-Syrien. Bericht über die vierte Grabungskampagne 1963
32	*Albrecht Dihle, Köln*	Umstrittene Daten. Untersuchungen zum Auftreten der Griechen am Roten Meer
33	*Heinrich Behnke und* *Klaus Kopfermann (Hrsgb.),* *Münster*	Festschrift zur Gedächtnisfeier für Karl Weierstraß 1815-1965
34	*Joh. Leo Weisgerber, Bonn*	Die Namen der Ubier
35	*Otto Sandrock, Bonn*	Zur ergänzenden Vertragsauslegung im materiellen und internationalen Schuldvertragsrecht. Methodologische Untersuchungen zur Rechtsquellenlehre im Schuldvertragsrecht
36	*Iselin Gundermann, Bonn*	Untersuchungen zum Gebetbüchlein der Herzogin Dorothea von Preußen
37	*Ulrich Eisenhardt, Bonn*	Die weltliche Gerichtsbarkeit der Offizialate in Köln, Bonn und Werl im 18. Jahrhundert
38	*Max Braubach, Bonn*	Bonner Professoren und Studenten in den Revolutionsjahren 1848/49

Sonderreihe
PAPYROLOGICA COLONIENSIA

Vol. I *Aloys Kehl, Köln*	Der Psalmenkommentar von Tura, Quaternio IX (Pap. Colon. Theol. 1)
Vol. II *Erich Lüddeckens, Würzburg* *P. Angelicus Kropp O.P., Klausen* *Alfred Hermann und Manfred Weber, Köln*	Demotische und Koptische Texte
Vol. III *Stephanie West, Oxford*	The Ptolemaic Papyri of Homer

SONDERVERÖFFENTLICHUNGEN

Herausgeber: Der Ministerpräsident des Landes Nordrhein-Westfalen – Landesamt für Forschung –	Jahrbuch 1963, 1964, 1965, 1966 und 1967 des Landesamtes für Forschung

Verzeichnisse sämtlicher Veröffentlichungen der Arbeitsgemeinschaft
für Forschung des Landes Nordrhein-Westfalen können beim
Westdeutschen Verlag GmbH, 567 Opladen, Ophovener Str. 1-3, angefordert werden.

If you have any concerns about our products,
you can contact us on
ProductSafety@springernature.com

In case Publisher is established outside the EU,
the EU authorized representative is:
**Springer Nature Customer Service Center GmbH
Europaplatz 3, 69115 Heidelberg, Germany**

Printed by Libri Plureos GmbH
in Hamburg, Germany